大都會文化
METROPOLITAN CULTURE

大都會文化
METROPOLITAN CULTURE

大都會文化
METROPOLITAN CULTURE

大都會文化
METROPOLITAN CULTURE

華人十大富豪

他們背後的故事

～本書謹獻給所有渴望成功以及追求智慧人生的朋友們～

精選《富比士》全球億萬富翁排行榜上最耀眼的十位華人企業家的商業傳奇，將讓您全面了解這些財富英雄是如何創造財富、如何度過事業的難關、如何把握成功的契機、如何做出不凡的決定、如何讓一流的人才為他們效力、如何帶領企業更上一層樓，以及他們成功人生背後的故事……

前言

每一年美國知名商業雜誌《富比士》發布的全球億萬富翁排行榜，被視為極具代表性與公信力的財富金榜，登上這個排行榜的富豪總會因此成為眾所矚目的社會焦點，人們一方面羨慕、一方面敬仰這些成功者，也十分好奇：這些富豪是如何發家致富的？他們成功的背後有什麼樣的故事？他們成功的秘訣是什麼？

常言道：「見賢思齊」，是以本書依據《富比士》二〇〇七年全球億萬富翁排行榜，編選當今華人世界裡最頂尖的十位企業家之奮鬥故事，獻給華人朋友，讓大家能從中汲取財富英雄們成功的秘訣、勇氣與智慧。

這十位為華人爭光的富豪，分別在不動產業、製造業、金融業、零售業、科技業、農業等各個領域締造出驚人的商業奇蹟。

在他們之中，有成功的男性企業家，也有傑出的女性企業家；最年長者已九十幾歲，最年輕者還不到四十歲；他們來自台灣、馬來西亞、香港、中國；有的只有小學畢業，有的則擁有高學歷；有的是出生赤貧之家的窮小子，也有含著金湯匙出生的天之驕子；在他們的奮鬥過程裡，有的與朋友合夥打拚，有的則是夫妻檔、父子檔或是兄弟檔……

這些財富英雄各自擁有世界級的企業，除了決定無數員工的家計，其事業的發展與運作往往與社會大眾的生活息息相關，對社會的回饋亦帶來極良好的示範。他們的奮鬥故事，顯示成功與出身沒有必然的關係，但成功絕對不是偶然的。

本書的編排順序係以地區劃分，內容的撰寫則以華人十大富豪的奮鬥故事、企業的經營與管理之道、家庭與人生觀等面向為中心，期能有助於社會大眾全面了解他們是如何創造財富、如何度過事業的難關、如何把握成功的契機、如何做出不凡的決定、如何讓一流的人才為他們效力、如何帶領企業更上一層樓，以及他們的人生智慧。

最後，則謹以「有為者亦若是」與讀者諸君共勉之！

華人十大富豪 Contents

目錄

台灣NO.1

台灣NO.2

企業界的成吉思汗——郭台銘

台灣NO.4

闖出國泰蔡家的另一片天——蔡萬才

馬來西亞NO.1

亞洲糖王——郭鶴年

香港NO.1

亞洲的財富超人——李嘉誠

香港NO.2

地產奇才——李兆基

香港 NO.3

子承父業最成功的典範——郭氏兄弟（郭炳湘、郭炳江、郭炳聯）

中國NO.1

中國第一位女首富——張茵

中國NO.2

中國的山姆·沃爾頓——黃光裕

華人十大富豪
他們是華人世界裡最頂尖的十位企業家
各自在不同的領域締造出舉世矚目的商業奇蹟
驚人的財富令世人既羨慕 又好奇
關於這些商業鉅子、財富英雄的超級商業頭腦
以及他們背後的故事……

台灣NO.1：最具代表性的華人金融家——

蔡宏圖

（台灣排名第一，世界排名第一〇四）

子承父業
（一）蔡萬霖之子
蔡宏圖是保險、房地產大王蔡萬霖（於
〇四年九月二十七日辭世）的次
子。
蔡萬霖，苗栗人，八歲時跟著二
蔡萬春到台北謀生，白天打工，晚上讀
書，初中畢業後，兄弟二人開了一家醬油廠，這是蔡家兄弟商場生涯的開端。後
來，他們與弟弟蔡萬才等人共同成立國泰產險、國泰人壽、國泰建設等公司，建
立了以「國泰」為標誌的企業集團。直到一九七九年，也就是蔡宏圖獲得博士學
位的第二年，蔡萬春因生病無法繼續主持全局，蔡家兄弟決定分家。
蔡家的事業由蔡萬春帶頭建立，他主導國泰人壽，蔡萬霖主持十信
負責國泰產險，但分家時蔡萬春的兒子蔡辰男、蔡辰洲較喜歡
看好國泰人壽，於是兩家交換主要負責的事業，因而蔡
建設等公司，蔡萬才則繼續經營國泰產險（富
分家

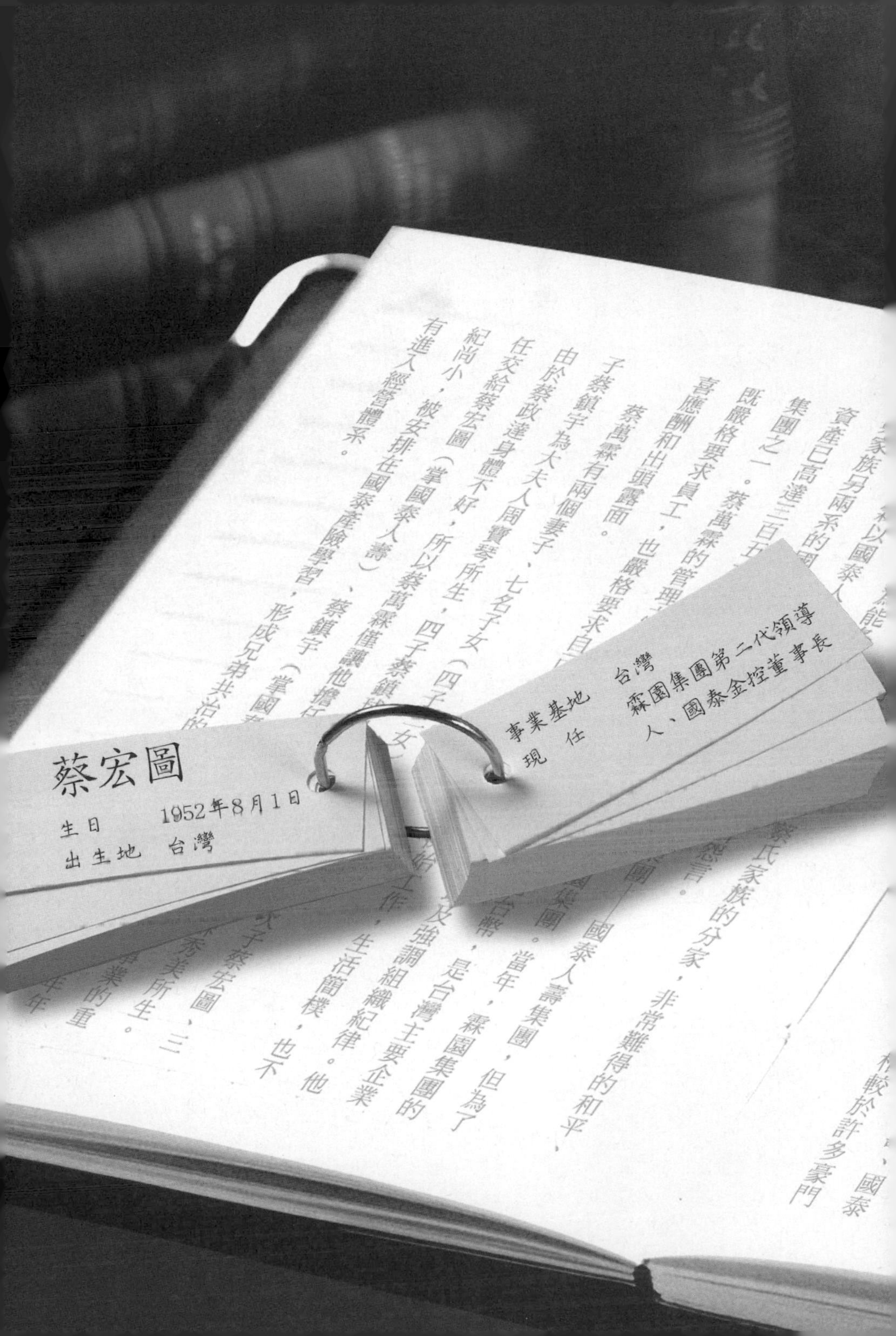
蔡宏圖
生日 1952年8月1日
出生地 台灣
事業基地 台灣
現任 霖園集團第二代領導人、國泰金控董事長

◎事業

蔡宏圖繼承其父親蔡萬霖的資產，當家霖園集團，旗下機構以國泰金控為經營核心，子企業包括國泰人壽、國泰世華銀行、產險、創投、綜合證券、建設、管理維護、三井工程、綜合醫院、慈善基金會等。目前，國泰金控的客戶數已超過九百萬，並有五百多個分支機構。二〇〇七年上半年大賺二百零七億元；國泰人壽為國內壽險業界的龍頭，資產高達一兆一千三百一十一億元，據點覆蓋率為全國金融機構之冠，壽險有效契約市占率第一名，台灣每三個人就是他們的保戶。二〇〇七年前九個月國泰人壽的保險收入和投資收益，稅後淨利達二百五十三億元，也連帶讓國泰金控稅後淨利，較前一年同期增加一點五倍，達到三百三十億元。

◎重要榮譽

☆二〇〇七年入選中國《管理世界》雜誌具有代表性的華人金融家。

☆二〇〇七年金控公司的績效評比，由蔡宏圖所領導的國泰金控第三度蟬聯冠軍寶座。

◎財富金榜

☆根據二〇〇七年《富比士》雜誌的統計，蔡宏圖及其家族的資產淨值為七十億美元，超過郭台銘（五十五億美元），成為台灣首富。

◎名言

・我不太注意別人怎麼做，只專心做自己的事。
・只要有心、肯做，任何事都有可能。
・只要把你的「心」帶來，其他的公司都幫你準備好了。
・承繼者的任務，不只要守成精進，在風起雲湧的全球化時代，也要領航組織跨出台灣，迎向更多挑戰。身為標竿企業，要能在卓越中，尋求更高的境界。

◎他人之眼

・美商高盛證券執行董事馬丁說：「蔡宏圖很有能力，有一群能幹的專業經理人幫他打理一切。在台灣，我們最看好的兩檔金融股當中，國泰金是其中之一。」

一、子承父業

（一）蔡萬霖之子

蔡宏圖是保險、房地產大王蔡萬霖（於二〇〇四年九月二十七日辭世）的次子。

蔡萬霖，苗栗人，八歲時跟著二哥蔡萬春到台北謀生，白天打工，晚上讀書，初中畢業後，兄弟二人開了一家醬油廠，這是蔡家兄弟商場生涯的開端。後來，他們與弟弟蔡萬才等人共同成立國泰產險、國泰人壽、國泰建設等公司，建立了以「國泰」為標誌的企業集團。直到一九七九年，也就是蔡宏圖獲得博士學位的第二年，蔡萬春因生病無法繼續主持全局，蔡家兄弟決定分家。

蔡家的事業由蔡萬春帶頭建立，他主導國泰人壽，蔡萬霖主持十信，蔡萬才負責國泰產險，但分家時蔡萬春的兒子蔡辰男、蔡辰洲較喜歡十信，而蔡萬霖則看好國泰人壽，於是兩家交換主要負責的事業，因而蔡萬霖取得國泰人壽、國泰建設等公司，蔡萬才則繼續經營國泰產險（富邦集團的前身）。相較於許多豪門分家時為了經營權、股權、財產爭吵不休，蔡氏家族的分家，非常難得的和平、寧靜，或許就是因為能各取所需，所以彼此無所怨言。

蔡萬霖以國泰人壽為核心組成一個新的企業集團──國泰人壽集團，但為了與家族另兩系的國泰做出區隔，一九八三年即改為霖園集團。當年，霖園集團的資產已高達三百五十四億元台幣，總收入二百九十三億元台幣，是台灣主要企業集團之一。蔡萬霖的管理之道在於精實、注重人才培養，以及強調組織紀律。他既嚴格要求員工，也嚴格要求自己。他總是一大早就開始工作，生活簡樸，也不喜應酬和出頭露面。

蔡萬霖有兩個妻子、七名子女（四子三女），長子蔡政達、次子蔡宏圖、三子蔡鎮宇為大夫人周寶琴所生，四子蔡鎮球以及三名女兒為二夫人蘇秀美所生。由於蔡政達身體不好，所以蔡萬霖僅讓他擔任家族投資公司董座，而把事業的重任交給蔡宏圖（掌國泰人壽）、蔡鎮宇（掌國泰建設），至於蔡鎮球因為當年年紀尚小，被安排在國泰產險學習，形成兄弟共治的局面[1]，蔡家女兒與媳婦則均沒有進入經營體系。

（二）接班之路

蔡宏圖出生於豪門，擁有享之不盡的財富，但因深受父親蔡萬霖行事風格的影響，所以他沒有驕奢之氣，能腳踏實地、勤學努力，以及不斷充實自己，奮發向上。

蔡宏圖在西門町長大，後來考進台灣大學法律系，與陳水扁總統是同班同學，但大學期間兩人少有交集，他曾笑著解釋說這是因為陳總統是「宿舍幫」，每天上圖書館；不像他是「台北幫」，愛玩又很少去上課。不過這當然是玩笑話，因為他也說過台大法律系的訓練是很有用的，雖然後來「法條都忘光了」，但學法律讓他培養出清楚的邏輯思考，也建立了整理分析再下決策的極佳能力，有助於企業組織的管理。

一九七四年他從台大畢業後赴美深造，一九七八年取得南美以美大學法學博士學位，一九八〇年參加華盛頓特區的律師考試，取得職業律師資格。隨即被父親召回國內，要他參與家族集團核心企業的經營，那年他才二十九歲，就直接從駐會常務董事做起，但因為原本學的是法律，也沒有商業上的實務經驗，過去也只在國泰人壽實習過一個暑假，所以蔡萬霖將他帶在身邊，讓他從頭學起，例如從學看財務報表之類的工作做起，而在父親嚴格的教導，以及他高度自我要求下，很快就上軌道了。

他父親經營企業的方式對他影響很深，例如剛加入經營團隊時，國泰人壽的市場占有率超過百分之五十以上，但他父親為了保持領先，不斷創新拓展業務的方式，除了成立收費兼推銷保險的展業部加強售後服務，也積極培訓幹部；除了加強管理，也勤走基層營業單位，常到第一線為業務員打氣。他說：「父親做事業非常認真，常常親自到第一線去。他一天可以跑四個單位，甚至最高記錄一天跑五個，非常辛苦，但對問題卻掌握得很深入。」

因此他也不敢懈怠，總是兢兢業業，認真學習，全心投入工作中，並得到很好的成果，優異的表現讓他在一九八四年五月，就被升任為公司的副董事長。一九九〇年五月，蔡萬霖讓不滿三十八歲的蔡宏圖出任國泰人壽董事長，全面挑起領航家族企業的重任。

二、企業的成長之路

（一）更上一層樓

蔡宏圖曾撰文寫到：「承繼者的任務，不只要守成精進，在風起雲湧的全球化時代，也要領航組織跨出台灣，迎向更多挑戰。身為標竿企業，要能在卓越中，尋求更高的境界。」

1.守成精進

國泰人壽於一九六二年成立後，便穩居同業的龍頭，蔡宏圖接任時，該公司正是鼎盛時期，但一九八七年政府開始開放外資保險公司進入台灣市場，一九九三年更全面開放市場，大批的外資保險公司因此進入台灣，百家爭鳴的局面已然形成，這對本土保險市場而言，實在是巨大的危機，許多業者以高預定利率保單，打價格戰搶奪市場占有率。然而面對高度開放後的市場亂局，蔡宏圖並沒有跟著亂了腳步，而是沉著以對，意志堅定，極有遠見的繼續推行持續穩健獲利的長期戰略，堅持以創新商品避開價格戰的惡性競爭。結果一陣子之後，靠價格戰搶市場的外資及本土壽險公司開始虧損，有的甚至不得不退出市場，或是難免於被合併的命運，而國泰人壽雖然在市場占有率上掉到剩三成左右，但仍是年年獲利。

2.接受更高規格的挑戰

二〇〇一年十月，《金融控股公司法》開始實施，准許銀行、保險、證券三大金融業跨業經營，也就是說金融機構可依其經營目標直接投資或收購子公司，以擴大金融版圖。

同年年底，蔡宏圖便成立了以國泰人壽為主體的國泰金融控股公司，並展開一連串的動作，帶領國泰挑戰更高更遠的目標。在他的努力下，陸續納入匯通銀行（後更名為國泰銀行）、東泰保險（後更名為國泰世紀保險）、世華銀行；成立國泰創投，將世華銀行與國泰銀行合併為國泰世華銀行；成立怡泰貳創投、怡泰管顧、國泰綜合證券；納入第七商業銀行。二〇〇五年，國泰金控已是一個結合了保險、證券、銀行等多元化的大型金融機構。

蔡宏圖之所以在金融方面花費如此龐大的心力，是因為金控公司具有整合資源的功能，且國泰人壽雖然是一家很大、擁有很好通路的公司，但畢竟是單一商品的公司，將來的競爭力可能會減少，因此，他不但用心於國泰人壽的經營，同時也積極為國泰人壽找尋更好的出路，他說：「譬如說客戶六十歲或六十五歲以後，領了滿期金，再來我什麼商品也不能賣給他，因為他超過六十五歲，保險不能買了，而他那個時候正有一筆錢在，說不定不是滿期金，而是因為他儲蓄或事業有成，他有好幾千萬在，結果我竟然沒辦法替他服務。這個時候如果有銀行的話，我有一些理財商品可以透過銀行的業務員向他推銷，綜合績效一定會發揮。」

他認為一旦壽險公司和銀行結合的話，綜合績效會出來，在很大的客戶群裡，當然會有所重疊，不過這一定是一加一大於二，另外可以運用的行銷管道會很多，例如銀行有一、兩百個分行，國泰自身有三、四百個據點，這樣就有更多的行銷據點。在產品方面，每個銀行有他的金融理財套餐，國泰有保險，銀行可以賣國泰的保險，國泰的人也可以去行銷他們的金融產品，這就是一種整合行銷的優勢。

在國泰金控成立以及一連串的擴張後，他原先擔心的商品單一問題得到了解決，而這個龐大的通路將發揮出更大的功效，這對國泰來說實在是如虎添翼。

與此同時，國泰的中國市場計畫也開花結果。國泰從一九九六年就成立了「大陸市場發展室」，二〇〇一年開始在中國陸續成立代表處，二〇〇五年一月二十四日正式開始營業，是台灣壽險業第一家進入中國市場的壽險公司。

在中國之外，國泰還鎖定香港、越南、馬來西亞三大亞洲市場，將以人壽、銀行雙核心共同進軍，擴充其在亞洲的區域版圖。

（二）經營與管理

1.先改變自己，再改變員工

當國泰人壽這個頭把交椅坐得越來越辛苦時，儘管蔡宏圖曾一再強調：「只要台灣的保險市場不斷擴大，國泰本身保持成長，市場占有率下降沒有關係。」市場環境的改變，還是帶給他相當的壓力，蔡宏圖曾這樣向部屬吐露心聲：「第一名最大的問題就是沒有人讓你追，你聽到後面的喘息聲就非常的緊張。」

但這種居安思危的危機意識並非人人都有，因為當時許多員工還沉迷在國泰的極盛時期，認為不用做什麼改變，都已經是第一名了，為什麼要改？就算新契約占有率從百分之五十五掉到百分之二十五，還是第一名，緊張什麼？但作為成功企業的領導者，就要比別人看得更清楚，也要更有遠見，他說了一個比喻：「員工老是想，我們已經是第一名，所以現在用的一套辦法，可以永永遠遠的用下去。這樣就像青蛙被煮，先是冷水，然後慢慢加溫到熱，等知道的時候已經來不及，跳不出來了，你難道要當那隻青蛙？」一個領導者想讓屬下服從或是落實某個原則，以身作則是最好的方法之一，他知道要改變別人，就要先改變自己。

過去，他因為從小養成深居簡出的習慣，在回到國泰後，仍是一貫地低調謹慎，媒體想採訪他，他總是說：「有什麼問題找發言人就是了，我們是很有制度的。」也鮮少出席公開場合或同業的聚會，而整個國泰的企業氛圍也很低調，在社會大眾看來甚至是神秘的，國泰的真實和優勢不但沒好好呈現出來，反而還衍生出不少誤會或流言，例如：大多數人不知道在亞洲金融風暴肆虐下，國泰仍是最佳經營投資獲利者；「只買不賣，只租不售」的不動產投資策略，以及在股市只投資績優股的事實，被社會大眾誤傳成地產和股市的大炒家；在九二一地震中捐了三億，但對公司形象的提升卻相當有限；此外，國泰贊助的一些社會公益活動中，活動的參與者或受益者更是很少知道自己原來是托了國泰的福。

為了改變，蔡宏圖開始比較主動的接觸媒體，這樣做的目的，除了是讓社會大眾更瞭解國泰，最主要的還是要釋出一個訊息——「連他自己都在改變，董事長的企業再造是來真的，國泰將和過去很不一樣了。」

他信佛多年，還吃過三年的素，每天早上起床，會先做個早課再運動，唸唸《金剛經》、《心經》或《大悲咒》，有時候還會參加法會，他很喜歡那種很平靜、虔誠的感覺。不過因為身為國泰的董事長，所以連個人吃素的飲食習慣，也受到他人的關注。市場上曾一度傳言，董事長吃素了，不曉得哪一天要出家，不要買國泰的股票。後來，他接受電視訪問，被問及吃素問題，一貫行事低調神秘的他，居然很爽快的回答：「現在報告一個好消息，我開始吃葷了。」

他自認為是個和藹可親、觀念作風都很開放的人，但員工都很害怕他，曾有員工形容他說：「他呀，反應很快，思路敏捷，又是個比你還認真的老闆，你若想不清楚，他馬上找到你的破綻，幾次下來，他不是凶而是不耐煩，你會不害怕嗎？」有位離職的資深幹部對他的精明依然十分的佩服，但也說：「他只要繃著臉就讓人倍感壓力，象徵著他的絕對權威。」

為了改變這個狀況，以了解、親近員工，他開放了自己的e-mail，讓員工可以直接寫信給他，他對每一封信都作出回覆。他說：「如果有一個措施下去，他們很不滿意，就e給我。」有時，他也看員工討論區：「那裡面講的，就比較辣了。他們不曉得，我會看那個東西。」

此外，自二〇〇〇年起，國泰每年一次的大規模海外高峰會，他不但親自參與，也一改過去嚴肅形象，扮演摩西出紅海、魔鬼終結者等各種造型，或是在員工的簇擁下高歌一曲，與員工同樂。這些改變，讓他漸漸成為員工心中的偶像。「我們對他的崇拜，幾近瘋狂」，這是大部分業務人員的共同心聲。

2.以績效決定升遷

除了轉換自己以及員工的觀念，蔡宏圖也陸續展開一連串制度面的革新，例如：人事制度。早期，國泰採行的是日本式管理的年資制，員工排隊等著升遷，而且還重男輕女。蔡宏圖認為這種排隊等升遷的方式，沒有激勵的效果，於是決定將人員的晉用、升遷、考評都調整為「績效導向」，讓升遷更為透明化。此後，國泰一有職缺，便在公司網站刊登徵人訊息，凡是資格符合者都可應徵。過去經理職位只能由一級職階的人擔任、二級職階的人可代理。制度調整後，即使是四級職階也有機會，而人事改革開始不久，四位女科長就被破格提拔任用了。這種新的機制，可讓資歷淺的人也有機會往上爬，而有年資優勢者會更積極。

他也為各個營業據點的外勤主管推出一套「新方案」，要求這些主管要自己做業務才有收入，也要求他們讓業務系統發展出自己的支援關係；至於先前只重招攬保單的專招制和強調售後服務的展業制，也隨著環境慢慢演變成區域經營制……一套套的改革辦法，除了融合過去傳統做法中的優點，必要時也會顛覆傳統。

3.永續經營的思考角度

蔡宏圖對於國泰的改革並不求快，他說：「我們是一艘航空母艦，轉向沒那麼快，要慢慢的轉，穩穩的轉。」因為國泰幾十年來，已經形成很多固定的制度，而要改革這樣一個龐大組織已經形成的一套完整制度，何其艱難！所以，他採取的是寧靜革命，穩健的變革，要引進哪些作為、用什麼速度與方法來執行都事先做出謹慎的思考。

「穩健」是他最為人稱道的地方之一，有一次他和堂弟蔡明忠（富邦金控董事長）及幾位朋友到尼泊爾、印度附近的不丹出遊，大夥兒騎著騾子走在山路上，一不小心他從騾子上摔下來，臉差點撞到地上，大家還來不及反應時，他已經很從容的站好，彷彿沒發生過什麼事一樣，事後蔡明忠這樣描述他的堂哥：「姿勢非常優雅……，他是不會出錯的人。」

他的「穩健」或許也深受他父親的影響，因為「穩健」向來是國泰最核心的優勢之一，在創業初期，蔡萬霖對公司的巨大營業額，採取的就是分散、穩健的經營方式。三分之一用於貸款，賺取利息；三分之一投入股市，賺取利潤；三分之一投入房地產。而樓多、地多是國泰的突出優勢之一，每年光租金就好幾十億元，可以說是台灣最大的「房東」。

蔡宏圖重視的是永續經營，所以即使在市場占有率持續走低的情況下，國泰也始終堅持以「永續經營」的角度去思考與經營市場。正因為如此，他們主動放棄能夠產生更多業務，並有利於提高市場占有率的所謂高預定利率保單。他說：「如何兼顧保單繼續率，契約品質及財務運用效率的提升，更是我們所重視的。」又說：「我們必須要面對的是未來長遠的經營，永續的經營，我們很難喊停就能停下來不做了。我們是本土公司，不能像外資公司那樣『包袱款款（收拾的意思）回家去』，賣給別人就說Bye-bye，因為我們沒有地方可以去。所以，我們必須保守一點。」而在他這種「慢中蘊藏著力量，穩中彰顯著堅定」的穩健務實經營下，國泰成為保險業最高的品質管理典範，在各種有關企業聲望與影響的排行中，總是名列前矛，在台灣，一想到保險就會想到國泰，一想到國泰，就不會去懷疑它的信譽。

4.教育、e化（資訊化）、學習型組織

蔡宏圖最看重的一本書是彼得．聖吉的《第五項修練》❷。他曾在媒體上提到閱讀此書的心得：「e化是最可以具體說明『學習型組織』重要性的工具。e化對國泰人壽來說相當重要，因為國泰人壽夠大，需要e化，且效果會明顯。」其

實，在過去國泰就有相當優良的重視學習的傳統，從民國五十二年起陸續成立員工教育訓練中心，讓教育訓練落實，成為企業中一個重要而正式的環節，而制度向來被視為國泰成功的必要原因之一，在蔡宏圖接班後，除了承傳這個優良傳統，也注入新的元素。

他建立了東南亞最大的教育訓練中心（占地一萬多坪的淡水教育中心），光是二〇〇〇年啟用的新館，造價就超過十億元，每天都有訓練課程，從高階主管到第一線業務員，都有適合的課程可上，一次的課程基本上是二至三天，國泰人員每年有一門必修，其他可以自行選修，由公司提供免費食宿。並定時聘請EMBA的教授幫高階主管上課，讓主管能廣泛接觸外界訊息。至於實用的課程，會錄影下來並透過獨家的衛星教育頻道CSN（超級學習網）播放給全體員工觀看。

另外，做e化，構建「學習型組織」，也是他再造國泰的重要工作。

為了e化，他傾盡全力，耗費鉅資，如：設立衛星教育頻道CSN、斥資十四億元的內湖資訊大樓，以及每年耗資上億元的金控入口網站等等，如果有人跟他說：「這個東西你們沒有。」他一定會追根究柢，確定公司有沒有，以及需不需要有。最厲害的是，他非常會用各種方法誘導員工去學習，去使用。

例如：一九九九年至二〇〇〇年推行的CRM（顧客關係管理），需要業務員主動搜集客戶詳盡的資料，並且鍵入系統。那時散布在各地的業務員只有百分之二十的教育程度是大學畢業，於是他想出了讓業務員與被搜集資料的客戶都可參加汽車抽獎的辦法，展開全台宣導活動，結果半年內就拿到二百一十六萬筆寶貴的客戶資料。此外，把e化結合在人事制度變革中。所有的新職缺、人事調動都在公司網站公布；薪水制度變成秘密薪後，也全部是以網路通知取代傳統的薪水條。

當e化自然的被落實到工作的細節中後，不管是年紀不小的媽媽業務員、還是國小畢業的業務員，都能用CRM來做業務；營業單位主管一打開電腦，就可以透過「業績速報查詢」系統，看到旗下每位業務員的業績和目前正在招攬受理中的進度，以及整個系統每十分鐘就會更新的各通訊處的業績報告。讓企業高效率運作，在蔡宏圖的用心之下達到了。

蔡宏圖通過各種再造與提升的方式，讓國泰不但在環境巨變中持續保持了在業界的領先位置，其業績更是屢創佳績。

前文曾提到蔡宏圖受到他父親的影響很深，在蔡萬霖過世那年年底，他撰文說：「先嚴雖辭世，其遺澤卻深深影響後世。對我而言，超過半世紀見證其白手起家，畢生投注事業的心力與待人接物的誠懇：作風不奢華，行事腳踏實地；不吝惜分享，以『財散則人聚、財聚則人散』的管理哲學，凝聚了員工向心力；不靠背景、鼓勵創新，讓員工了解唯有實力方為籌碼，而其所經營的企業，則成為客戶最佳屏障。有人形容，先嚴經營作風如同德川家康。德川家康是日本財經界經營者的最愛，他是有恆心、具韌性、『以守為攻』的將帥，也以重質、扎實的組織做『永續繁榮』的經營哲學。」

而從他接班至今，在這十七個年頭中，不難發現他所繼承的不只是他父親有形的資產，也繼承了更為可貴的無形資產，且均加以發揚光大。子承父業，創業不容易守業更難，而蔡宏圖可謂青出於藍更勝於藍，他做到了對自己的期許——承繼者的任務，不只要守成精進，在風起雲湧的全球化時代，也要領航組織跨出台灣，迎向更多挑戰。身為標竿企業，要能在卓越中，尋求更高的境界——讓國泰發展為華人地區最佳金融機構。

三、家庭與人生觀

蔡宏圖在台大讀書的日子裡，認識了同一屆圖書館系的美女黃麗姿，後來兩人結婚，育有三個兒子，長子蔡宗翰、二子蔡宗憲、三子蔡宗成，全部就讀哈佛大學。（目前只有蔡宗翰進入霖園集團。）

蔡宏圖的抗壓方式是打拳、唱歌、練瑜伽。關於唱歌，特別的是四十一年次的他，專練六年級生的流行歌曲，每回有機會上台表演時，總會讓不少人為之驚艷！不過，他不管做任何事，都一定要準備好才做，連唱歌也不例外，國泰人壽高階主管就曾說他是：「不做沒有準備的事，包括講話、唱歌。」

打太極拳則是他長年來養生、解壓的方法，他自初中就開始練拳，也向不少老師請益，後來養成每天無論再忙都一定要練拳的習慣。至於練瑜伽則是這三四年來的事，他會練瑜伽完全是受到太太的影響，自己練了一兩次後，覺得真的有些放鬆的效果，就開始很用功的練習。太極拳加上瑜伽，讓他身體更柔軟、更有耐力，在處理事情上，也更有定見與彈性。

除了專注於事業，蔡宏圖也有輕鬆的居家生活，據說他是個「電視寶寶」，各種吃喝玩樂的電視節目他全都如數家珍，平常下班回家就是拿著遙控器一直轉，從綜藝節目，看到日劇、大陸劇、料理、旅遊節目，就連模仿秀也是他的最愛。和大多數的人一樣，遇到同時段播映兩個喜歡的節目，也會在二個頻道間不停切換、轉來轉去，一旁的太太就會受不了的說：「你麥勾市啊（不要再按了）！」後來，家中就有了第二台電視，其中一台專屬於他。

二〇〇五年蔡宏圖接受《天下雜誌》的專訪時，他給年輕人一些建議：「你的心態要對，要有足夠的付出，還要給自己足夠的時間，你才會成功。現在年輕人都很知道自己要什麼，只是抗壓性不足。其實，每一代都這樣講下一代：『想當年，我們怎樣辛苦，看看你們，現在這麼輕鬆。我爸也是這樣跟我講。』剛出社會的人，你可能不知道自己要做什麼。像我的小孩，整天都說沒學到東西。我說，這正常啊，你剛去，人家怎麼敢交給你什麼東西？做了一段期間，再來評量，這是不是你要的。這最重要。不管舊人、新人都一樣，都要有心想成功。證嚴法師講的，熱心易發，恆心難持。為什麼成功的人很少，因為很多人很難有恆心做下去。看人家做好，你很崇拜，也想跟他一樣。問題是你沒辦法持久，自然你就不會有他的成就。」

❶蔡政達因為身體因素，過去只擔任國泰人壽常務董事，沒有參與實際業務的運作，很少站到檯面上，但二〇〇七年國泰金控董監事改選後，蔡政達、蔡鎮球都進入董事會，出現「四兄弟共治」的局面，尤其是蔡政達是否實際參與國泰金的運作，備受外界關注。（《經濟日報》，二〇〇七年六月二十四日）

❷此書以能充分落實「學習型組織」為目標，透過力行五項基本修練（自我超越、改善心智模式、建立共同願景、團隊學習、系統思考），幫助組織從操控蛻變成創新的有機體。其中第五項修練——系統思考：是學習型組織的核心。一切的事件都息息相關，且每次運行的模式相同、每個環節都相互影響。而這些影響通常是隱匿而不易察覺的。企業和人類其他活動也是一種「系統」，身為群體中的一小部分，需明白系統思考的架構及知識體系，可幫助我們認清整個變化型態，瞭解應如何有效掌握變化、開創新局。（彼得・聖吉著、郭進隆譯：《第五項修練》，台北：天下文化，一九九四年七月十五日，初版）

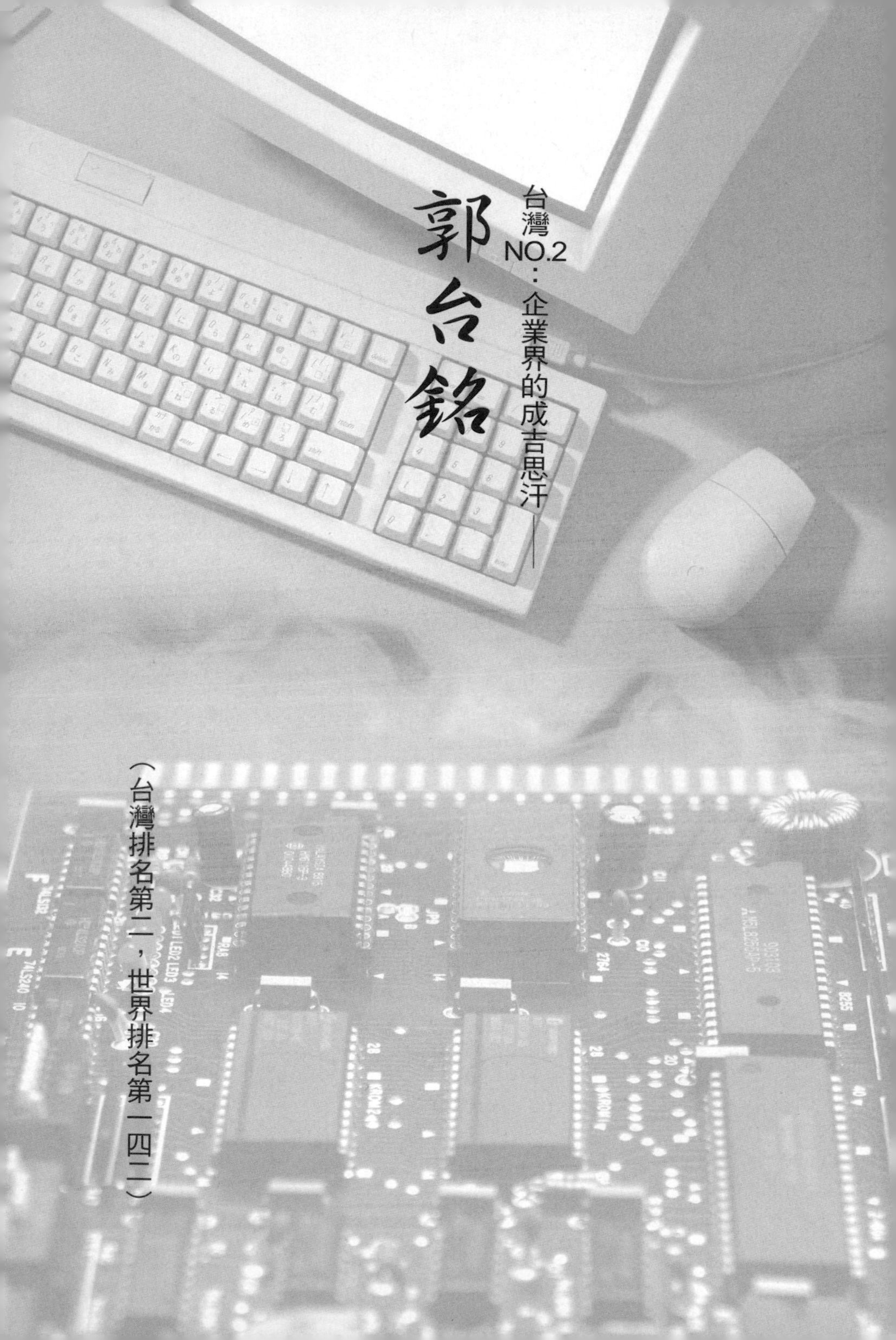

台灣NO.2：企業界的成吉思汗——

郭台銘

（台灣排名第二，世界排名第一四二）

術可以進步，但將資金投入機器設備和研究發展，
再加以研究，總有一天可以擁有自己的技術，可
開拓出自己的市場。
二、企業的成長之路
（一）更上一層樓
1.接受全世界的考驗
創業初期，郭台銘的英、日文程度並不好，但卻充滿膽識，勤到美、日等國
家去開發客戶。
他事業的轉捩點是在三十歲生日的那一天，他到日本請求日商把零件交給
做，日本人把他灌醉，第二天醒來後，他有些感觸，日本有這麼好的零
是因為日本有很好的母體工業，帶動日本零組件的發展，台灣
業，電視機的生意都掌握在外商手裡，且台灣廠商也
算，因此
先進技術轉移進來，
自己的技術、產品，更能

郭台銘
生日 1950年10月8日
出生地 台灣
事業基地 台灣
人稱 企業界的「成吉思汗」、台灣科技首富
現任 鴻海精密集團董事長

◎事業

郭台銘白手起家，從黑白電視機旋鈕做起，三十多年來奮鬥不懈，讓資本額只有三十萬的鴻海成了世界級大廠，挑戰兩兆元營收；事業版圖橫跨亞洲、歐洲、美洲，光是在中國深圳的廠區就聘有二十七萬名員工，相當於嘉義市的人口數；在全球的電腦市場中，十分之一的桌上型電腦、三分之二的個人電腦零組件產自他的企業；現今，鴻海的營收額已是中國最大的外銷公司，也是全球最大的電子產品承製廠商。鴻海集團在二〇〇七年前九個月累計非合併營收為八千二百一十四點六六億元，年成長百分之三十二點八，稅後淨利五百一十一點三四億元，年成長百分之三十點二，每股稅後淨利八點一三元，年成長百分之三十。

◎重要榮譽

☆入圍《天下雜誌》「企業家最佩服的企業家」。

☆美國的《商業周刊》稱他是「代工之王」。

◎財富金榜

☆在二〇〇七年《富比士》雜誌的富豪排行榜裡，郭台銘個人的資產淨值為五十五億美元，位居台灣第二富。

◎名言

·阿里山上的神木之所以大，四千年前當種子掉到泥土裡時就決定了，因為它長在空曠的地方，不是在西門町，它要耐得住風寒和寂寞，神木之所以成為神木，是在那時候就決定了的，絕不是四千年後才知道。人的「格局」也是一樣，是決定在一開始你的心裡怎麼想。

・我的信心源自於努力和經驗。所謂信心是，無論景氣再壞，都要相信自己有能力。一隻鳥要飛過一個海峽，起飛時牠要有信心，要知道怎麼飛。起飛後，要想好下一個落腳點在哪裡。既然已經起飛了，就要對自己有信心。

・除非太陽不再升起，否則不能不達到目標。工作是我的興趣，做生意就是要全身投入，而且呢，不為物欲。

・全球化經濟競爭過程之中，「執行力」的全力貫徹將是勝出的重要法則。

・企業陷入困境的兩大原因：一是遠離客戶，二是遠離員工。

◎他人之眼

・台灣經濟研究院副院長龔明鑫說：「鎖定全球市場，以低價、大量製造為核心優勢，再利用全球各地生產基地豐沛的人力資源，是鴻海鞏固的建立電腦代工霸業的原因。」

・台大國際企業系教授李吉仁說：「郭台銘一定有所變、有所不變，才能讓鴻海這家企業可以同時擁有紀律和彈性。」

・花旗銀行投資研究部董事總經理楊應超說：「他的客戶敬他，他的供應商畏他，他的競爭對手更不用說了。」

一、第一桶金

（一）不認輸的精神

郭台銘出生於板橋，排行第二，大姊郭台平、三弟郭台強、四弟郭台成（因血癌病逝於二〇〇七年七月四日），四姊弟間的感情非常好，郭台銘曾說：「從有記憶開始，我們就住在板橋府中路媽祖廟後面，一家六口住在不到十坪大的房子，一住就是十年，房子雖小其樂融融，雖然父親公務員（警察）的收入有限，但姊弟們衣食不缺，無憂無慮的快樂成長。」特別的是郭台銘和郭台成相差十一歲，感情卻格外的好，因為郭台成是他背著長大的，他常背著台成去打彈珠，彈珠輸光了，台成會幫他摸幾顆回來，讓他翻本。

三十多年前，郭台銘從中國海事專科學校航運管理科畢業，他和絕大多數剛出社會的新鮮人一樣，沒有資金也沒有人脈，只能先到公司行號磨練，當時他進入的是復興航運公司，擔任排船期和押匯工作，在那段看著船來船往的日子裡，他發現紡織商們每天都在搶出口航位，並因此意識到在台灣從事出口製造業將有極大的發展潛力，於是有了創業的念頭。有一天，朋友告訴他有外國人想買一些零件，他再三考慮後，便找了幾個同學合資，出錢開工廠、製造產品，於是鴻海成立了，那一年是一九七四年。

由於當時他個人並沒有什麼積蓄，資金都是媽媽辛辛苦苦攢來的，所以他花每一分錢之前，都要算上二十次，確定能運用得當，才敢把錢花出去。對他來說，做生意分三種，賭博、投機和投資。他只做投資，投機和賭博的事情不做。

但由於是第一次創業，這群毫無經驗的工作夥伴們，完全靠摸索在辦事業，工廠的營運一直無法進入狀況，眼看資本就要用盡了，卻不能大量生產、穩定交貨，於是股東們想收手，紛紛退出，但他不認輸，這種不認輸的精神，是他相當引以為自豪的個人特質，他說：「我的個性是不服輸的，工作挑難的做。我所訂的目標，都會在預期的計畫內達到。只要有接受磨練的心，就一定會成功，通常打敗自己的不是別人，而是你自己，因為想放棄的是你。」

他就這麼硬著頭皮將公司頂下，此後自己租廠房、找訂單、買原料、管生產，創業之路更加的艱難，曾有好幾個月過著趕三點半的日子，有時甚至忘了要拿奶粉錢回家，他的太太為了不增加他的壓力，從不提持家的辛苦，直到有一天他看到小孩因吃不飽而大哭，才驚覺太太是如何咬著牙硬撐家計。

剛開始，鴻海主要的產品是黑白電視機用的旋鈕，為了開拓業務，二十五歲的郭台銘開著小貨車南北奔波，直接面對客戶。有一年的中秋節，為了爭取一張訂單，他曾站在客戶的門外淋雨四個小時，儘管全身都淋濕了，客戶還是只收了禮物，連門都沒讓他進去；還有一次過年，發完年終獎金後，全身的錢只夠包給父母、太太娘家各一千元的紅包。

（二）抉擇的智慧

在郭台銘的苦心經營下，一九七七年到一九七八年這兩年之間，鴻海的資本額增加到二百萬元，這是他賺進的第一桶金，因為得來不易，所以在運用上格外審慎。

他很想將這兩百萬元用來投資自己剛成立的模具廠，或是買地、蓋一間自己的廠房（那時的廠房仍是租的），且正好台北縣土城有一塊地，地價很便宜，每坪只要三百七十八元，另外，因為那個時期原料缺貨，當時大多數的人利用資金來囤積居奇，這也是個很好的賺錢機會。

不過資金有限，他不可能樣樣都兼顧，況且一旦下了決定，就沒有回頭的餘地了。為此，他非常猶豫，在考慮的過程中，常問自己要的到底是什麼，是能快速賺錢就好，還是準備從事長期的工業，因為經營者的心態和理念是決定一家公司成長與否的關鍵，如果以一個工業經營者的心態做決定，那麼就要看得長遠，才能讓公司的基礎打好。經過兩個星期的思考後，他選擇了長遠之路，將所有的錢投入自己設立的模具工廠。

然而，模具廠蓋好半年後，工作人員是新手，也還沒有產品，那塊地卻已漲了好幾倍，原料也水漲船高，這讓他不禁要懷疑起自己的決定，如果當初選擇蓋廠房，至少可看得見漂亮的廠房，如拿錢去買原料，也可以因原料漲價賺進不少錢，而模具廠還需要長期的摸索，經營的壓力不小，且將來能否賺錢還很難說。

幸好，在模具廠成立四年後，展現出超乎預期的績效，讓他確信自己當初的決定是對的，因為那些從廠房、土地獲取一筆錢財的同業，未必能保證他們的技術可以進步，但將資金投入機器設備和研究發展，將國外的先進技術轉移進來，再加以研究，總有一天可以擁有自己的技術，可以開發自己的技術、產品，更能開拓出自己的市場。

二、企業的成長之路

（一）更上一層樓

1.接受全世界的考驗

創業初期，郭台銘的英、日文程度並不好，但卻充滿膽識，勤到美、日等國家去開發客戶。

他事業的轉捩點是在三十歲生日的那一天，他到日本請求日商把零件交給他做，日本人把他灌醉，第二天醒來後，他有些感觸，日本有這麼好的零件供應，是因為日本有很好的母體工業，帶動日本零組件的發展，台灣沒有這樣的母體工業，電視機的生意都掌握在外商手裡，且台灣廠商也沒有扶植台灣零組件廠的打算，因此便決定不跟國內廠商做生意，要做國外大廠的生意，日後他說：「這麼多年來，我接受日本、美國、歐洲的訂單，接受全世界給我的考驗，這就好像是你成天與少林派、武當派、崑崙派切磋劍法，如果能自成一格的話，就有自己的派，這些經驗都不是書本上學得到的。」

2.通過試煉的決心

他第一次踏上美國爭取訂單，是透過代理商去見客戶，客戶沒有立刻和他談生意，要他等幾天後再過去，為了應付突然間多出來的出差費用，只好先到公路旁找最便宜的小旅館住，每天待在旅館裡吃兩個漢堡度日，再去找客戶時，卻又被往後延了一天，總共耗了五天才見到客戶，見面時竟只有五分鐘，拿到兩張產品藍圖回去估價，這趟不愉快的經驗讓他決定捨棄找代理商的方式，改找美國當地人當行銷經理，和他一起一站一站的拜訪客戶，這樣做的好處很多，因為這位美國行銷經理，可以幫忙跑業務，順便開車當司機，又可以讓他練習英語。

要在外國爭取到客戶實在很不容易，但他相當把握每一次的機會，為了見美國客戶三十分鐘，前一天都會準備三個小時以上，此外在美國跑業務，為了節省昂貴的機票錢，他總是開車在城市與城市之間的公路上奔馳，拜訪完一個城市的客戶，就開車往下一個城市駛去，每天都忙到晚上十一點過後才能在最便宜的汽車旅館休息，但為了隔天上午十點前抵達下一個城市的客戶辦公室，早上六點又要出發，這樣幾年下來，美國五分之三的州都有他的足跡，且每次跑完美國的行程，陪他跑業務的老外因為實在太累了，總是要請一個星期的假才能恢復體力，而他一回國就上班了，當然這也是練出來的，他說：「人沒有天生的窮命和賤命，只看你是用什麼樣的心態來磨練自己。」

進入八〇年代，黑白電視衰退，他看準了個人電腦的市場將是下一波主流，加上鴻海已具有相當的模具技術，轉入電腦連接器的領域並不難，於是由此而轉型。而為了打進美國市場，他付出了非常大的心力，例如想與康柏做生意，沒有人看好，因為要競爭的對手都是世界大廠，台灣的小廠怎可能和他們競爭，但他對於決定要做的事非常執著，他每三個月就飛過去推銷他的公司，保證世界一流的，這樣至少飛了兩年，才拿到第一張藍圖試做。當中的艱辛，自非三言兩語能道盡。然而這對鴻海的發展方向來說，具有相當重要的意義，因為這讓鴻海與國際大廠間的合作關係就此展開了。

（二）經營與管理

1.人才為本

在經營企業中，郭台銘認為最大的挑戰是人才的選拔和培育，這是一個企業永恆的難題，所謂「千軍易得，一將難求。」

他不重視物質享受，力求簡約，但是為了提升企業的競爭力，在投資設備方面，卻從不吝於花錢，只要是世界上最先進的設備，不管價格怎樣，都會購買。

在投資人才方面，更捨得花錢，為了引進光通訊專家，他開出年薪一千萬做為酬金，此外，在人才的培育方面，眼光放得很遠，在台北、美國、中國都有所謂的「世幹班」，將員工培養成國際化的人才，還讓他們去海外受訓，為此花費上千萬美金。

2.紀律優先與執行力的貫徹

他認為企業要講效率，就不該談民主，因為民主是最沒有效率的做事方式，民主是一種氣氛、感覺，讓大家可以溝通，但是在快速成長的企業中，領袖應該多一點霸氣，這種強勢性格反映在他的領導風格上。

鴻海的企業文化有一種基調，就是「服從」，實施嚴格的軍事化管理，因而被業界戲稱為「魔鬼營」，在鴻海的廠區，遠方常傳來新人受訓的口號聲，每位進入鴻海的基層員工，正式工作前必須接受為期五天的基本訓練，包括稍息立正和整隊行進等；高層主管受到的要求更為嚴格，隨時要接受提問，如果答不出來，郭台銘罵人的話就立刻到耳邊，這些身價千萬的富翁們，照樣要在會議桌前罰站。

海外的員工也是如此，如鴻準昆山培育中心短期的幹部培育班裡，完全是軍事化訓練，不分男女，早上五點半起床，還要摺出方方正正的棉被；鴻海在歐洲蘇格蘭、捷克設廠時，連外國幹部也加入受訓的行列，軍事課程包括了踢正步、三十分鐘軍姿站立。

這些嚴格的軍事教育，目的是希望員工充分認知紀律的重要性，因為透過紀律，能讓工作效率提升到最高，鴻海的員工幾乎都念茲在心的訓示是——要把自動化、效率化的生產管理發揮到極致，硬把成本控制到最低，才有錢可賺。

在全球化經濟競爭過程之中，「執行力」的全力貫徹將是勝出的重要法則，而執行力就是速度、準度、精度、深度、廣度的全面貫徹，這非常需要透過紀律來達成，所以郭台銘總是說：「走出實驗室，沒有高科技，只有紀律。」

捷克財政部長Jiri Rusnok曾激動的說：「鴻海對我們如此重要，因為它讓我們看見什麼是積極且有效率的做生意方法。」由此看來，鴻海的紀律之於效率，的確發揮了最高的效益。

3.以身作則，賞罰分明

郭台銘作風霸氣強勢，看似獨斷獨行，不過他絕對以公司的整體利益為優先考量，這就是他常說的「獨裁為公」，因為要爭取速度，所以獨裁，但獲得的利益回到公司，便屬於股東、員工，也因為獨裁是為了團體的利益，有時就算做錯了，也會被諒解，不會產生信心動搖的危機。

此外，雖然董事長的角色是做好「選擇」、「判斷」和「決策」，但郭台銘認為領導人要以身作則才能形成「領導力」，因此他總是貼近現場、掌握細節，從工廠生產線到市場第一線，公司有任何重大的決策或遇到困難的事，他半夜一定不睡覺在場。

如二〇〇二年，蘋果電腦第一台六十四位元伺服器Q37搶著上市，要求鴻海在四個月內完成量產，如果達到這個目標，未來訂單都將是鴻海的。當時，郭台銘立刻換上廠長的制服，站到生產線上檢查伺服器的螺絲有沒有鎖緊，確實掌握生產的每一個環節。

另一回鴻海接的是蘋果電腦G5的訂單，因為研發的部分是日本做的，鴻海接過來生產時，日方不願意提供技術、專門知識，加上大量生產的時間很短，客戶打了電話給郭台銘，請他特別關注這件事。G5的外觀很漂亮，但手提的部分做成直角的，很容易割傷手，他自己走上第一線，拿手去測試，結果一碰就留痕、流血，員工看到後，立刻了解這個問題很嚴重，設法將這個問題改好。

此外，G5生產的過程需要高溫，那時正值炎炎夏日，廠房的溫度高達三十七、八度，像個烤爐，加上當時發生SARS，員工不免擔心家人，再加上客戶要求量產的時間很短，種種壓力讓許多員工既流汗也流淚，幾乎想放棄，但看到董事長同樣站在第一線，跟著員工一起做，便打起精神，共同達成了不可能的任務。

郭台銘對於做錯事的員工會給予機會，鴻海的員工只要是因為想做事而做錯，不會受罰，受處罰的都是不想做事的，至於累犯同樣錯誤者，下場就很難看了。

例如：二〇〇三年四月，SARS正嚴重之際，郭台銘在深圳龍華廠召開高階主管全球視訊會議，會議開始還不到十分鐘就斷訊，他立即警告，但不到五分鐘又斷訊，讓他當場發飆：「鴻海是一家高科技公司，連視訊會議系統都搞不定，浪費大家時間。」

然後立即要相關人員把負責視訊會議系統的人員名單做成籤，接下來每斷訊一次，就抽一個來開除，幸好到會議結束沒有再斷訊。或許是他發飆的樣子讓人害怕，很多人都說他很兇，但他澄清：「我不是兇，而是保持企業中分辨是非對錯的工作價值觀，每個幹部都要有負責任的任事態度。」

他在工作上固然嚴格要求下屬，但同樣也關心員工的健康，更不吝於犒賞員工，每年為上百名主管安排最精密的核磁共振身體檢查，一出手就是上千萬，年終慶祝會上，拿出上億元新台幣獎勵優秀員工。

鴻海的作法是，不同績效的員工參加不同等級的摸彩，以二〇〇四年為例，五百張股票的「總裁獎」，都是當年度各事業群表現不錯的員工才能參加，因不超過三百名，故中獎率很高。

還有，郭台銘與經理們吃飯，時常動幾下筷子就不吃，然後忙著催廚房上菜，等大家都吃飽了，他再把每盤剩下的菜倒進自己的碗裡拌一拌吃下去。

鴻海在他剛柔並濟的管理下，具有一股特殊的向心力文化，他的賞罰分明也防止了公司內產生和稀泥的攪和文化。

三、家庭與人生觀

在郭台銘還是個窮小子的時候，與台北醫學院的系花林淑如（因為乳癌病逝於二〇〇五年三月十二日）交往。當年因為兩人家境差距很大，婚事受到女方家人的反對，但林淑如慧眼識英雄，堅持嫁給郭台銘，兩人結為夫妻後胼手胝足，共同走過艱辛的創業生涯，鴻海集團可以說是兩人共同打拚出來的。

早年，郭台銘和同事發生衝突或責罵屬下時，林淑如往往扮演協調者，一方面安慰同事，另一方面則安撫郭台銘的情緒。夫妻兩人雖然在處世上一剛一柔，但有個共同點就是都很節省。

兩人育有一子一女：長子郭守正、長女郭曉玲。在子女的教育上，郭氏夫婦是典型的「嚴父慈母」，郭台銘對子女的期許很高，孩子們小時候都比較怕他。而對林淑如來說，她最大的心願就是子女健康快樂的長大。他們教子有方，現今這兩名子女都已完成終身大事，各自擁有美好的姻緣，在事業上也都有很不錯的成就，尤其是郭曉玲行事頗有乃父之風，讓郭台銘引以為榮。

由於林淑如除了是郭台銘事業上的得力助手，也把家庭照顧得很好，尤其是在他艱苦創業的時期，無怨無悔的擔負教養小孩、照顧公婆等家中的大小事，讓他毫無後顧之憂。因此郭台銘向來很感激妻子的付出與陪伴，妻子卻在他們的家庭、事業都很圓滿時罹患了癌症，並於罹癌的三年後病逝，對他來說，這實在是再沉重不過的打擊了。

在過去很長的日子裡，郭台銘對物質生活幾乎不感到興趣，不穿名牌、不開名車、不注重打扮，也不喜歡太過於個人的嗜好；不管是在土城還是深圳龍華，辦公室的桌子都是用幾張大桌子拼起來的，土城辦公室裡給客人坐的沙發是在台北長沙街二手家具店買的，一張八百元；自己坐的椅子則是從員工餐廳搬來的鐵椅；會議室的牆沒有什麼裝飾，地上用的也是最便宜的地毯；上班時間，公司走廊的燈要間隔著亮，午餐時分，用餐者辦公室的燈一律熄滅……他為什麼對員工出手大方，對自己卻如此節儉呢？他是這麼說：「我不圖什麼享受，我真正在享受的，是自己達成工作目標的成果，而不是錢帶來的物質和個人享受。」

然而，近兩年他因愛妻及最疼愛的胞弟相繼因為癌症病逝，尤其是在搶救這兩位至親時，花了無數的金錢與人力，身心備受煎熬，仍挽不回他們的生命，這個歷程及結果讓他在心境上有了很大的改變，作風也大不同於以往，例如：儘管他很早就擁有幾十億美元的身家，但仍是個十足的工作狂，每天至少工作十五個小時，世界各地跑，即使晚上下飛機，也會馬上趕到公司開會，經常一開就是十二個小時；可以連續三天不睡覺把貨趕出來，甚至直接衝到生產第一線，捲起袖子操作機器。

而在經歷失去人生摯愛的伴侶、手足之後，他意識到自己失去太多了，開始問自己，過去的努力到底是為了什麼？他想從鐵人般的生活回到正常的生活中，於是不再超時工作，改花一定比例的時間在自己的健康管理上，以及用來陪家人、交朋友，或是追求一段新感情。

在物質生活上，他也不同於過去以簡約為最高原則，近年開始買豪宅、飛機、名牌西裝，注重生活品質與享受的作風大異於從前。

另一方面，他也公開談到，在過去的五年裡，自己都在「Fighting Cancer」（與癌症搏鬥），雖然失去兩位至親，卻也得到寶貴的經驗，他也深刻瞭解到身為癌症病患家屬的痛苦，因此他希望能盡一己之力提供有需要的人更多的幫助。

二〇〇七年九月四日，他以永齡基金會的名義，捐贈台灣大學一百五十億元，其中一百億作為癌症醫院和質子中心，另外五十億則用於生醫工程方面。經費的來源主要是信託基金、配股，加上太太和弟弟留下的財產，目的是「取之於社會、用之於社會」。

此外，他計劃在二〇〇八年正式退休，鴻海將正式朝向「所有權與經營權分開」的西方化公司治理，他個人則將投入慈善事業，並將個人財產分為三等分，分別用於「科技研發」、「教育藝文」以及「醫療生技」三大領域，財富將不會傳給子女。

四、其他

1. 在郭台銘的規劃裡，二十五歲至四十五歲為錢做事，四十五歲至六十五歲為理想做事，六十五歲以後要為興趣做事。他認為為錢做事，容易累；為理想做事，能夠耐風寒；為興趣做事，則永不倦怠。
2. 郭台銘有所謂的「三局理論」——格局、布局、步局。其中格局，指的是一開始怎麼想。他一開始是怎麼想的呢？他沒有明確提過，但他說過自己剛出社會時就知道未來自己的簽名很重要，所以勤練英文簽名，多年來，他的重大契約都是用相同的英文簽名完成，也就是說從創業初始，鴻海便立足於全球布局的鴻圖中。

3. 郭台銘主持會議時，把大小主管找來，會議常常是從早進行到晚上，因為他會反覆演練每一個步驟，對每一個環節再三思考，任何細節都要清清楚楚，毫不含糊。

4. 企業經營者要善於選擇、判斷、決策。郭台銘說他只要做好六件事：選客戶、選產品、選人才、選技術、選股東，以及選策略夥伴，其中以選擇客戶為第一要務，要達成有效資源的全面整合，也要以客戶的需求為核心能力檢驗的唯一標準，因此他每天都花很多時間了解客戶的策略、未來願景，看客戶有沒有長期的企圖心，他比客戶還要關心客戶的本身。

5. 為降低大額投資的風險，郭台銘先找好全球級（全球市場占有率前幾名）的大廠客戶（如英特爾），說服他們成為策略聯盟合作夥伴關係，將一些關鍵組件的技術移轉給鴻海，再由鴻海代工大量生產，幫助這些大廠降低成本，製造雙贏局面。

6. 郭台銘如果想解決某個問題，或想討論某件事情，相關人員必須隨傳隨到，不管員工是否下班或是身在何處，一定打電話打到人來為止，許多鴻海的幹部都有這樣的經驗，人已回到家中，卻被「奪命連環Call」Call回公司，因此鴻海的成員都知道在郭董之下工作，是「計畫不如變化，變化不如一通電話」。

7. 郭台銘認為有責任的人是不用管理的，沒有責任的人管理也沒有用，因此他最不喜歡沒有責任感的人，部屬有困難問他，一定會先被問：「你思考這個問題時，小便有沒有變黃？」（因為據說，一個責任心重的人，遇到困難的事苦無對策，連續三天因為不斷思考而睡不著的話，小便就會變黃），如果他的部屬自己不求答案就來找他想辦法，他認為這是不負責任的作法。

8. 郭台銘一直站在第一線，任何產業的蛛絲馬跡，他都可以知道，他在全球的客戶都是很好的情報來源，他自己也培養出綜合性判斷能力，這個對科技市場的敏感度，不是短期之內就有的，而是累積幾十年的功夫。

9. 現在很多人喜歡談論景氣，賺不賺錢都看「景氣」的好壞，於是見到這些善於掌握趨勢的企業家，總想問問他們對於景氣的看法。郭台銘卻認為景氣問題很難由一個角度看清全貌，景氣的問題要問自己，不要問別人，而且也不會因別人一句話，訂單就源源增加，企業要定下心來，景氣不好時，只有自己最清楚，況且景氣不是問題，而是企業本身核心能力的問題，因為現在景氣來得快、去得也快，當企業看著景氣不好時，可能另一波景氣又已在蘊釀中，所以重點是企業能否有足夠的核心能力，在景氣來時抓住機會。他舉了一個例子，當年台灣流行蛋塔時，某豆漿連鎖店也賣起蛋塔，不過沒多久就賣不掉了，這就是因為沒有核心能力，經營企業也是如此，要掌握住核心能力。也就是說沒有景氣問題，關鍵在於有沒有核心能力，高科技產業在微利時代的競爭力，在於企業的速度、品質、科技服務、彈性、成本等五大關鍵要素。

10. 郭台銘希望他留給鴻海的是他定下的企業理念：「愛心、信心、決心」及工作精神：「融合、責任、進步」，並做到「長期、發展、穩定、國際、科技」，而不是「郭台銘」三個字。

台灣NO.3：台灣的經營之神——

王永慶

（台灣排名第三，世界排名第一五七）

第一桶金
（一）苦難是上帝的一種賜福
王永慶是郭台銘最欽佩的企業家。王永
於台北新店的直潭，家中以種
茶維生，經濟狀況和當時大多數家庭一樣
困苦，辛苦工作一整年才勉強可以
餬口，很多家庭為了下田時能多個幫手
而不讓孩子去上學，他也是從小就得幫忙
做些農務工作，幸好父母重視教育，讓他到新店國小就讀。不過他每天一大早就
要起床，先提十幾桶的水回家，再走到十公里之外的學校讀書，放學後則常常要
扛五十台斤的養豬飼料走回家。
王永慶九歲那年，他的父親病倒，王家的經濟狀況變得更加窘迫，一家生計
都靠母親種菜、養豬來維持，於是他開始半工半讀，做看牛的工作，以換
的新資來貼補家用，然而童年的辛苦並沒有讓他因此畏懼人生，
熟的心性，再加上當時在家鄉謀生不易，在十五歲那年，
出自己的天下。
他回憶

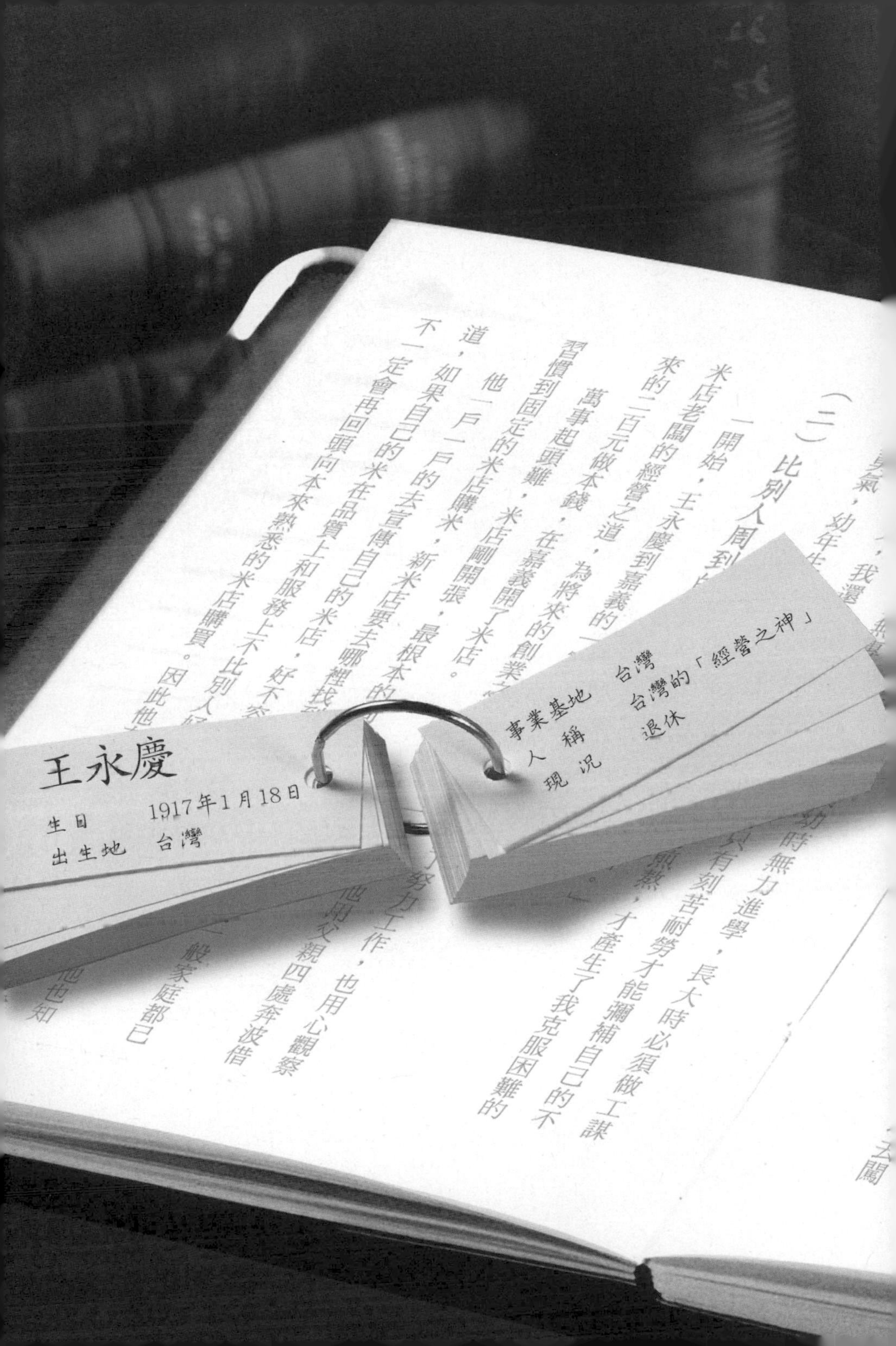
王永慶
生日 1917年1月18日
出生地 台灣
事業基地 台灣
人稱 台灣的「經營之神」
現況 退休

◎事業

王永慶領導台塑五十多年，最早從一座生產ＰＶＣ塑膠粉的工廠開始，歷經種種的艱辛，台塑逐步成為多角化及國際化的企業體，包括煉油、石化原料、塑膠加工、能源、纖維、電子等相關企業，在全世界具有領導地位，是全球垂直整合最為完整的石化集團，另有紡織、運輸、生物科技及醫療、教育等多元化事業，事業版圖遍布台灣、美國、中國、越南、印尼等地，現今集團員工數近九萬人。他長期的耕耘為台塑集團立下長遠發展的雄厚基礎，所以在他交棒後（二〇〇六年六月），該集團的發展狀況穩定而優異，光是旗下八家股票上市公司，總市值已達二點七七兆元，超過台股總市值的十分之一，是台灣最會賺錢的企業集團之一；另一方面，他長期以來一直把鋼鐵業當作台塑下一個目標，二〇〇七年八月底，台塑董事會通過這項投資案，正式投資大陸漳州不銹鋼廠「福建福欣特殊鋼公司」，圓了他的「鋼鐵夢」，亞洲的不銹鋼市場則掀起一場大戰。

◎財富金榜

☆在二〇〇七年《富比士》雜誌的富豪排行榜裡，王永慶及其家族的資產淨值為五十一億美元，位居台灣第三富。

◎名言

・人在困苦當中，往往會養成一種堅毅力，只要有適當的機會、有一定的條件配合，其成長就會很快，甚至會超越一般人。人的精神力量就是這樣。

・一個人永遠不可能回憶自己出生的情形，一個人也永遠想不到自己何時死亡。所以我們在活著的時候，要時時提醒自己，這樣我們就可以放開胸懷，趁活著的時候多做一點對社會大眾有意義的事，等到我們死了以後，還會有人想念我們、讚許我們，才算對人生一場有了交代，沒有辜負此生此世。

・經營事業的過程處處充滿嚴酷考驗，若無堅毅決心，勇往直前，並且深思熟慮，敏捷應變，實難打開生路。尤其當面臨種種困境時，如果稍有鬆懈，或心存猶豫，不及應變，辛苦建立起來的基業，就有可能隨時傾覆。

・今天我能在事業上有一點成就，主要是我對所認定的目標全力以赴，認真學習，絕對不以任何理由退縮和遲緩。人的生命和精力都有限，必須全神貫注，持之以恆，才有可能如願以償。

◎他人之眼

・許士軍：「台塑集團管理成功的三大原因是數據化管理、獎懲紀律管理及王永慶個人魅力及風格。」

・馬英九：「台塑集團是製造業的龍頭，創造很多財富和就業機會。更重要的是，在海峽兩岸都做了很多公益事業，可說是企業的典範。」

一、第一桶金

（一）苦難是上帝的一種賜福

王永慶是郭台銘最欽佩的企業家。王永慶出生於台北新店的直潭，家中以種茶維生，經濟狀況和當時大多數家庭一樣貧窮困苦，辛苦工作一整年才勉強可以餬口，很多家庭為了下田時能多個幫手而不讓孩子去上學，他也是從小就得幫忙做些農務工作，幸好父母重視教育，讓他到新店國小就讀。不過他每天一大早就要起床，先提十幾桶的水回家，再走到十公里之外的學校讀書，放學後則常常要扛五十台斤的養豬飼料走回家。

王永慶九歲那年，他的父親病倒，王家的經濟狀況變得更加窘迫，一家生計都靠母親種菜、養豬來維持，於是他開始半工半讀，做看牛的工作，以換取微薄的薪資來貼補家用，然而童年的辛苦並沒有讓他因此畏懼人生，反而是鍛鍊出早熟的心性，再加上當時在家鄉謀生不易，在十五歲那年，他便立志要到外地去闖出自己的天下。

他回憶起這段艱辛的童年時說：「我幼時無力進學，長大時必須做工謀生……像我這樣一個身無專長的人，永遠覺得只有刻苦耐勞才能彌補自己的不足……直到今天，我還常常想到由於生活中受過的煎熬，才產生了我克服困難的精神與勇氣，幼年生活的困苦，也許是上帝對我的賜福。」

（二）比別人周到的服務精神

一開始，王永慶到嘉義的一家米店當工人，平日除了努力工作，也用心觀察米店老闆的經營之道，為將來的創業之路做準備。一年後，他用父親四處奔波借來的二百元做本錢，在嘉義開了米店。

萬事起頭難，米店剛開張，最根本的問題是客人的來源，因為一般家庭都已習慣到固定的米店購米，新米店要去哪裡找到客人呢？

他一戶一戶的去宣傳自己的米店，好不容易有幾個家庭答應試用，但他也知道，如果自己的米在品質上和服務上不比別人好的話，這些答應試用的客戶，說不一定會再回頭向本來熟悉的米店購買。因此他在這兩方面格外下工夫，例如：

稻穀在碾成米前，需要先晒乾，那個年代通常把米晒在大馬路上，因此當稻穀碾成米後，往往會夾雜些砂粒或小石子之類的雜物，不管是賣米的還是買米的人，都已習以為常，但他賣的米絕對先處理得很乾淨再賣給客人。另外，當時電話還不普遍，不像現在可用電話請商家配送到府，要買東西都得親自上街一趟，而且大家難免會有這樣的經驗——要煮飯時才發現家中沒米了，他針對這些問題設計了一套服務辦法：他向上門的顧客提出送米到家中的服務，對於這種貼心的服務，客人當然都很高興的答應；他送米到客人家中，先幫忙清洗米缸，再把新米倒入，並記錄下米缸的容量，又順便詢問客人家中一天用米量的相關資訊，然後請客人不用再親自到店中購米，他會估好時間送米過來；至於米款，則根據客戶們不同的發薪日，分別去收錢。他憑著這些為客戶為自己製造雙贏的創新服務，生意越做越好，營業額不斷攀升，一兩年後，每天平均都可賣出十幾包米。

不過，辛辛苦苦的送米賣米，卻只能從中賺取一點微利，於是他將米店擴大為碾米廠，以改善純粹賣米的情況，在一貫用心及努力的經營下，業績蒸蒸日上，雖然在規模上不是最大的，卻締造出亮眼的營業額，後來由於日本人的政策

（當時台灣還在日本政府統治下）因素，米店、碾米廠被迫關門，但這十年的苦心經營，讓他累積了相當的財富，他用這些積蓄在家鄉買下了二十甲的山林地，另外在雲林、嘉義兩地共買了五甲水田，儼然是個小地主了。

（三）瘦鵝理論

接著，王永慶到民雄開磚廠，但因為大環境的關係，磚廠經營起來格外辛苦，不過他在這段日子裡獲得了更深刻的體悟：他看到當時每戶人家都飼養一些家畜，但是因為戰爭的關係，糧食缺乏，人都難得溫飽了，自然沒多餘的食物可供家畜吃，只能放任家畜吃野草、野菜。拿鵝來說，一般正常飼養了四個月，就會有五、六斤重，但是像這樣只吃野菜、野草的鵝，同樣過了四個月，只有二斤重，他覺得這些瘦鵝是因為沒有飼料才這麼瘦，只要有足夠的飼料，相信也可以長得白白胖胖的，於是他四處收購瘦鵝，並雇人去田裡收集被丟棄的菜葉，再購買一些碎米和稻殼，混合起來做成養鵝飼料。這些被他集中飼養的瘦鵝，本來長期處於飢餓狀態，所以一見到飼料就拚命吃，直到飼料滿到喉嚨才停下來，一消化，就再次拚命吃，結果才過了二個月，每隻瘦鵝平均都有七、八斤之重，他也由此歸結出所謂的「瘦鵝理論」──瘦鵝因為受過環境的折磨，而具有強韌的生命力，不但胃口奇佳，消化力也特強，只要有食物吃，立刻就會肥大起來；人也是如此，若能夠像瘦鵝一樣忍受飢餓及不良的環境，鍛鍊自己的忍耐力，只要不餓死，機會一來，就會像瘦鵝一樣迅速的肥壯起來。此外，瘦鵝的瘦，問題不在鵝，而在飼主的方法不當，企業經營的道理也是一樣，問題不在員工，而是老闆的管理方式不恰當而造成的。

二十七歲那年，他轉而經營木材業，一開始因缺乏這類的經驗，導致血本無歸，這段期間算是他人生中極黯淡的歲月，幸好得到貴人幫助，重新站穩腳步，也慢慢漸入佳境，後來隨著建築業的興盛，他的業務再次蒸蒸日上，三十歲時的積蓄達到五千萬元。

二、企業的成長之路

（一）更上一層樓

1. 獨排眾議，勇於冒險

一九五四年，在美國的經濟援助下，政府展開第一期的經濟建設，項目包括玻璃、紡織、水泥、塑膠原料等，其中塑膠原料一項，在各種因緣際會的促成下由王永慶接手，當年三月「台灣塑膠工業股份有限公司」成立了。

由於台塑是台灣第一個自行製造ＰＶＣ塑膠粉的工廠，加工業者對它的品質沒有信心，且一知道政府為了保護本國的塑膠業，將採取管制進口的措施，紛紛急忙把七個月數十噸的需要量一次進口完畢，導致台塑所生產的ＰＶＣ塑膠粉一噸也賣不出去，通通積壓在廠房中，嚴重的滯銷幾乎讓台塑倒閉。王永慶苦無對策，只好去請教當時的經濟部長尹仲容，才知道唯有開拓外銷市場，方有起死回生的機會，於是做出擴廠的決定，藉由大量生產來降低成本，同時籌組二次加工廠（即南亞塑膠公司，生產膠布和膠皮），為台塑的ＰＶＣ粉尋找出路，但在第一次增產後，成本仍偏高，無法拓展外銷，只好再次增產，至於增產的量，大多數的人主張六百萬噸比較保險，連外國顧問也如此建議，但他獨排眾議，決定將產量增加到一千二百萬噸，果然成本大減，這件事充分展現出他過人的膽識。

二次加工的品質穩定後，他又籌組三次加工廠，陸續成立卡林、新東等三次加工廠，這些加工廠的業務是生產雨衣、皮箱、尿布、浴室布簾一類的塑膠製品，以便消化南亞的塑膠皮、布，以及台塑的塑膠粉。至此，王永慶完全解開了塑膠粉的滯銷困境，並加速PVC塑膠加工業蓬勃發展的局面，一九七八年，台塑營業額突破十億美元。

2.百折不撓，締造奇蹟

一九八〇年王永慶正式進軍美國，最初也遭遇到不少困難，賠了很多錢，但他反而覺得要把眼光放長遠，因為一開始就賺錢對企業來說不見得是件好事，多多磨練，才能鍛鍊出良好的實力與競爭力，他以賣冰淇淋為例：「要賣冰淇淋的人應該在冬天開業。」因為冬天的時候，想吃冰的人少，推銷的手法需更費心思，也要懂得嚴格管控成本，及加強服務，才能吸引客人上門，這樣紮紮實實奠定基礎，夏天一到，自然就能大顯身手。他憑藉的正是這種精神，台塑在一九八三年成為世界上產量最大的塑膠粉製造商，南亞也成了世界上最大的塑膠二次加工廠商。

另外，因為台灣石化業上游長期有缺乏原料的困境，以至石化業中下游的發展受到限制，從一九七三年開始，他多次向政府提出興建輕油裂解廠的計畫，但是都遭到否決，直到一九八六年才獲核准，也就是六輕（中華民國第六套輕油裂解廠）計劃，這個計畫包括原油、輕油的煉油廠，及相關石化工廠、重機械廠、汽電廠及麥寮工業港等的興建，此外也設立基載燃煤火力發電廠，發電後全數併入台電供電系統，以協助紓解台灣電力供應不足之困境。但廠址的決定又因政治、環保意識等因素受阻或遭到抗爭，從屏東、宜蘭、桃園、嘉義到雲林，幾經波折一直無法定案，這個窘境長達五年的時間。

最後，終於在一九九一年選定於雲林縣麥寮鄉海邊，這個地區絕大部分的土地平時均位於海平面以下，必須大舉進行抽砂填海工程，以及地質改良鞏固基地後，才能作為建廠之用，而開發造地的面積約有二千二百五十五公頃之廣，加上當地一年中有半年的時間都吹著強風，天候狀況十分惡劣，所以這項填海造陸的工程，進行起來實在艱辛無比。一九九四年正式動工，花了五年的時間完成建造，一九九九年建造出一座占地約十分之一個台北市，兼具煉油、發電、商港及各式民生建設的工業園區。

六輕從規劃到完成，前後歷時十三年，投資金額約新台幣五千七百四十四億元，而此計劃完工後，台灣乙烯自給率可由一九九四年的百分之三十八提升至二○○六年約百分之八十八，每年增加產值九千八百八十二億元，使GDP增加百分之八點二，每年替代進口值約六百四十億元，並帶動中下游相關工業發展，增加產值二兆元及增加政府稅收二百九十六億元以上，而麥寮港便利的產業運輸，更能促進地方繁榮發展，這是一個高齡的企業家，領導數萬人，所創造出來的台灣奇蹟。

從赤貧到巨富，從不懂塑膠到成為塑膠大王，再讓集團中的多項產業成為世界第一，王永慶證明了天下沒有容易的事，但也沒有做不到的事。

（二）經營與管理

1.一切唯效率是圖，落實價廉物美的核心價值

一般企業經營者通常重視的是「結果」，如：業績如何、利潤如何，很多管

理學者也認為企業的高階管理者不應該管到細節的問題，但王永慶卻主張應重視根本不問結果，他常拿樹作比喻，人們往往只注意到一棵樹茂盛的枝葉，忽略了樹的生長是靠底下的細根在吸取養分，經由中根、大根而到整棵樹，才能枝繁葉茂，企業的成長也一樣，應該注重那些細微的根源，從每一項工作中找出問題並設法解決，才能通盤了解、掌握全局，也只有做好紮根的工作，績效才能良好。

他做生意的信念是「價廉物美」，從這個原則出發，他積極追求效率，由降低成本、精簡人員、提高產能、節約能源著手，其中「降低成本」是他最引以為豪的本事，連世界級的管理大師都難望其項背，他獨門的單元成本分析是：「一般做成本分析工作是做到單位成本，我認為這樣仍不夠徹底。以財務費用為例，我們應該再細分為原料的財務費用，製造的費用以及營業上的財務費用等等。如果只以財務費用為單位成本，那麼分析工作勢必無法再深入，得出來的結果往往與實際有一段距離，成本分析即無法做到正確。」

也就是說唯有分析到各個影響成本因素的最根本處，才能有效降低成本，這是因為尋找單元成本的過程，需要非常仔細去考慮影響成本的各個環節，諸如：

技術與人員的管制、資材與營業管理的良否、生產效率的高低、廢料的多寡、品質的好壞等，藉由這種計算成本的方式，可以發現各種人、事、物的不合理處，利於及時尋求解決之道，以達到合理化。

2.追根究柢

尋找正確的單位成本，靠的是追根究柢的精神，而王永慶「追根究柢」的本事，實令人驚嘆，曾任經建會主任委員的趙耀東說過這樣一段話：「啊！王老闆的追根究柢功夫真讓人欽佩，被他看上的問題，不查到水落石出絕不罷休，這是他經營企業最成功之處。」王永慶自己也說：「經營管理，成本分析，要追根究柢，分析到最後一點，我們台塑就靠這一點吃飯，我看美國人、史托福都沒有這樣做，我就曉得我們台塑有飯吃。」

為了確實掌握台塑相關企業單位的運作狀況，以及了解、考核各單位主管的能力，台塑定期安排「午餐會報」，以各事業單位的經營狀況或管理難題為題目，另外關於制度的建立、投資案或經營改善提案也常列入午餐會報中，通常一個月之前就會通知輪到的單位準備報告的主題和議程，只要王永慶在國內，幾乎每天都會親自主持這樣的會議，先聽取報告，聽到疑問的地方就做上記號，等一個段落後開始追問，報告的人員如果準備不充分，隨時會被問倒。

有一次開會討論南亞做的一把塑膠椅，報告人把接合管、椅墊、尼龍布、貼紙、工資等項目的費用算得清清楚楚，列在成本分析表上，總共好幾頁，他聽了報告後就問：「椅墊裡用的PVC泡棉一公斤五十六元，品質和其他的比起來如何？價格如何？有沒有競爭條件？」報告人答不出來，他繼續問：「這PVC泡棉用什麼做？」報告人答：「用廢料，一公斤四十元。」他接著問：「那麼大量做的話，廢料來源有沒有問題？」報告人又答不出來，他又問：「南亞賣給人剪裁組合，在裁剪後收回來的塑膠廢料一公斤多少錢呢？」報告人回答：「二十元。」他便說：「那麼成本一公斤只能算二十元，不能算四十元。」接著又提了一串的問題，報告人都答不出來，可見他在思索問題時，考慮之周密，而追根究柢的提問方式，也讓午餐會報總是在極為嚴肅的氣氛下進行，各個事業單位的主管無不戰戰兢兢，絲毫也不敢懈怠，就怕準備不周，當場出醜，狀況嚴重的話，還會被淘汰。

雖然午餐會報帶來如此龐大的精神壓力，不過台塑集團有許多管理上的難題或經營改善的提案，都是在這個令人提心吊膽的會報中迎刃而解或通過，就這樣由小而大，積少成多，讓台塑企業更合理化，並獲得顯著的成長。

3.以「切身之感」激發員工的潛能

王永慶也善於運用「切身之感」來激發員工潛能，例如：早年台塑關係企業和長庚醫院裡，有六十九部電梯，原來是委託代理商保養維修，每年需要二十萬美元的維修費用，但許多代理商缺乏專業知識，維修績效很差，所以他決定將這個工作收回來給內部執行，讓長庚的工務中心成立七人的維修小組，這個小組是一個成本單位，保持同樣的維修費用，工務中心從中抽取三成（六萬美元）後，每位成員每年有二萬美元的收入，在成本中心成立之前，這些人員每年的收入是一萬美元，現在收入足足增加一倍，產生了切身之感，更有工作動力，自然能盡心盡力完成維護電梯的工作，對公司來說，每年也省下了三成的費用，可說是一舉數得。

這類創造切身之感所產生的效益，讓王永慶想到將這個模式運用在企業中，每一生產工廠成立一個成本中心，讓現任廠長擔當經營者的職責，課長成為經理人，以下各層幹部依此類推，由他們負起經營責任，並且充分享有經營績效的成果，這將能激發全體工作人員的切身之感，共同為追求良好的績效而努力，如此一來，對公司或員工都有利，最重要的是，透過這種方式，員工和企業的潛力都能發揮得淋漓盡致。

三、家庭與人生觀

王永慶共娶了三位太太，分別是：大夫人郭月蘭、二夫人廖嬌與三夫人李寶珠，王氏夫婦共育有九名子女。

大夫人沒有生兒育女；二夫人育有二男三女：王文洋（長子）、王文祥（次子）、王貴雲（長女）、王雪齡（次女）、王雪紅（三女）；三夫人為王家生下四位女兒，依序是：王瑞華、王瑞瑜、王瑞慧、王瑞容。

大太太是個虔誠的佛教徒，長年禮佛；二夫人已遷居美國；目前陪伴在王永慶身邊的是三夫人，外界習慣稱呼三夫人李寶珠為「三娘」。

三娘不僅為王永慶打理生活、處理私人賬目，也是他的貼身秘書，她非常擅長於察言觀色，經常以旁觀者的角度給丈夫建言。她可以說是是王永慶生活上及事業上不可或缺的得力助手。

王永慶的子女個個都非常出色，不管是否擔任台塑集團的要職，或是自己創業，都有相當亮眼的成績，在企業界各占有一片天，長期以來一直是眾人注目的焦點。這是因為王永慶在培養子女上的努力，不亞於在事業上所投注的心力。

王永慶送他的子女們到國外念書，為了讓這些子女能養成節儉的習慣，他們在外國生活並不富裕，因為王永慶提供他們的學費、生活費都算得很精準，就像管理旗下的企業一樣，拿捏得「剛剛好」。

此外，他和子女聯絡都是用寫信的方式，以節省電話費。他要求子女必須回信報告花了哪些錢，甚至連買支牙膏也得寫上去。

他大約每兩週就寫信給子女，且經常是洋洋灑灑好幾大張，內容多半是告訴他們公司發生什麼樣的事情，以及他的處理方式。這些東西對於正在求學的孩子們來說，或許是一封封稍嫌乏味的家書，但日後卻成了子女們很好的從商寶典。

王永慶認為人生就像在跑步一樣，要不斷的練習，如果想跑得比人家遠、比人家快，就必須加倍努力，他為了鍛鍊自己的毅力與健康，中年以後堅持每天跑步一個小時，風雨無阻，也不論人是在國內或國外，就算生病也一樣，數十年如一日，七十多歲以後，才在醫生的建議之下，改以步行、打坐養生。關於跑步，他也曾覺得既辛苦又枯燥，但持之以恆的跑下去，久而久之，像是日常工作之一，就不覺得辛苦了。

他的養生之道只有二字：「簡單」，他不忌口，但遵守少樣、微量的原則，如每餐半碗飯，配上一個魚頭、半隻香蕉，就放下碗筷，上樓休息去了，請客的時候，一隻大蝦、兩片生苦瓜、幾口青菜，配著紅酒，細嚼慢嚥，最後再加上幾片鳳梨，也就是一餐，每天晚上九點就睡覺，半夜二點半起來做他著名的「毛巾操」（只需在家裡雙手握緊長毛巾，前後左右搖動到身體發熱），接下來在書房寫作，把平時對台灣經濟、社會文化、教育的憂心條列出來，並一一提出解決方案，提供給報紙刊出，清晨六點半到八點會睡個「回籠覺」，醒來頭腦清明，接著就到辦公室上班，另外不管是工作到晚上七點以後，或請客人到家中晚餐，他都堅持作息要有規律，通常八點半以前一定送客。

在心靈方面，他也堅持簡單原則，認為頭腦要健康、清明，首先就不能「想太雜」，不能「貪」，不論是個人企業或政府，如果不需努力即可獲取很大的利益，太舒服、太散漫，就會予取予求，結果就是腐敗朽蝕。還有，是非不分也是一種不健康，比如說很多人不擇手段追求名利上的「成功」，這是很危險的。

他認為既然生而為人，就有權利，同時也是義務，要盡其所能，使自己活得更健康。而基本要務，在於如何鍛鍊智慧及力量，以處理「自我」與「人我」，就「自我」的層面來講，在身心兩方面都要勤於鍛鍊、維護，遇到任何情況，克盡心力去處理，事後懂得自我檢討，探求改進之道；就「人我」的層面來說，應深切瞭解群體與自我間密切關聯的地方，主動投注心力，做有益於社會及個人之事，能夠做到這樣，大致上就可以稱做是健康。

他是個言行合一的人，從生活作息、待人處世到經營企業，都秉持一貫的精神——勤勞樸實、追根究柢、止於至善。除了致力於企業經營，也重視回饋社會，他認為趁活著的時候多做一點對社會大眾有意義的事，死後有人想念，才算對人生有所交代，沒有辜負此生此世。他創辦明志工專、設立長庚醫院、成立生活素質研究中心，也通過講習的方式協助中小企業的經營管理。尤其在醫療方面，他花了十年規劃長庚癌症中心，期間事必躬親，大型會議都會到場瞭解進度，二〇〇七年二月該中心正式上路，十二層樓總共十八個癌症團隊，超過二百億的先進設備，中心的硬體軟體都是他「三十多年來的心血」，另一個超級計畫則是蓋已規劃好的「質子中心」，地點就在長庚對面占地六公頃的地，預計三年內完工。

四、其他

1. 王永慶認為每個人都要居安思危。從歷史上來看，要發展要「興」很不容易，要做很多努力，才能興盛，才有一些成就。但要「衰」卻很快，一下子就衰落了，所以為什麼大家都要居安思危。第一代很辛苦打拚，長期下來，好不容易，這個家庭要讓他穩定，如果富不過三代，這個家庭一下子就沒有了。
2. 早在王永慶十六歲開米店時，他那些創新的服務已展現出「客戶至上」的精神，這種精神日後也貫徹在台塑集團的經營理念中，他要業務人員必須充分體認這個道理，因為買賣雙方的關係是唇齒相依的，所以扮演公司和客戶之間橋樑的業務人員應該全心全意為公司和客戶兩方追求最高的利益。至於如何滿足客戶，他提出四大原則：第一價錢要公道；第二品質要符合水準；第三交貨時間要準時；第四則是服務周到。另外應將客戶的抱怨當作寶，他指出同種類的產品，日本人的貨品之所以可賣到比台灣的產品更高的價格，是因為日產的品質較好，受到消費大眾的肯定與信賴，而日產的品質之所以比較好，是因為他們非常重視客戶的反應，能夠確實解決客戶的問題，並改善產品的品質。此外，他也常勉勵台塑的幹部，要他們多多學習以前小販沿街叫賣時那種不畏辛苦、客人至上的精神，因為這些小販儘管生意不好，或已經繞了多遠的路，總是能保持一貫嘹亮愉快的嗓音叫賣，也不管客人用怎樣不好的語氣或態度向他買東西，還是會和善親切的回應客人。

3. 一九九四年的台灣沒什麼石化建廠工程，且當時景氣不好，王永慶卻認為景氣差建廠才好，因為一切都便宜，人工、外勞、資源都有，他說：「如果別家

公司撐不住，我們公司也撐不住，大家的條件是相同的；你有成本，我也有成本，但我只問成本贏得了別人嗎？所以不會擔心。」

4.王永慶指出企業要先建立好一套完整制度，例如生產有規格、怎麼操作、預測現在未來供需，各方面完善，照做就很容易上軌道。制度完善可以杜絕很多弊端，不規矩的人非照制度做不行，不規矩也會變規矩。

5.在一次演講中，王永慶總結自己的理念體系：「企業文化的形成，可以說是經由理念長期孕育而成。而台塑的經營理念，歸納起來就是：以勤勞樸實的態度，針對企業經營上所涉及的各個環節，都能追根究柢，點點滴滴追求一切事務的合理化，並且以止於至善作為最終努力的目標。」

台灣NO.4：闖出國泰蔡家的另一片天——

蔡萬才

（台灣排名第四，世界排名第二八七）

二、企業的成長之路
（一）更上一層樓
1.高明的投資布局
蔡氏家族分家之後，蔡萬才憑著幾次重要的投資布局創辦了富
富邦集團奠定良好的發展基礎：

蔡萬才
生日 1929年8月5日
出生地 台灣
事業基地 台灣
現任 富邦金控總裁

◎事業

蔡萬才是國泰集團的創始人之一，一九七九年「國泰集團」分家，屬於蔡萬才這一系的「國泰產物集團」規模並不大，旗下只有六家公司，核心企業為國泰產物保險公司，一九七九年營業收入達二百二十億元，首次成為業界龍頭。另外，一九九一年正式將三十年前蔡家第一個以「國泰」命名的企業——國泰產物保險公司，更名為「富邦產物保險公司」，其後以營業讓與方式轉換成立「富邦金控」。在蔡萬才父子三人的合力打拚下，富邦的經營觸角不斷延伸，包括證券、銀行、人壽保險、證券投資信託、投資顧問、證券金融、票券及期貨等子公司五十六家（是台灣最完整的金融服務集團之一），並跨足電信、科技業。目前富邦集團的資產總值是一兆六千八百四十三億四千八百萬元，營收淨額二千三百七十六億三千三百萬元。

◎重要榮譽

☆近年富邦證券在國內證券發行承銷市場綻放光芒，如二〇〇七年相繼獲得國外兩大財金專業雜誌評選為「台灣最佳券商」。

◎財富金榜

☆在二〇〇七年《富比士》雜誌的富豪排行榜裡，蔡萬才及其家族的資產淨值為三十億美元，為台灣第四富。

◎名言

- 做事業要先苦後甘。
- 我喜歡腳踏實地、表裡一致的人。花言巧語、拍馬屁，車還沒到就要幫我開門的人，我不用這種人。
- 我才兩個兒子，公司十幾家，而且每家公司的資金都上百億。這一定要借重專業經理人，而且也要讓專業經理人知道，集團給他們發展的空間、有一定的理念，不是要當奴才使用。

一、早期歷練

（一）與兄長共同打拚

蔡萬才和台灣所有的第一代企業家一樣，經歷過好幾次的大變動、大動亂，一九四九年，他為了要繳交高中畢業旅行的旅費，拿了六十萬元的舊台幣以及台灣銀行二十萬元的本票一張，到銀行去兌換新台幣，因當時嚴重通貨膨脹的影響，財產大幅縮水，四萬元對一元，只換回了二十元。當年，衡陽路的走廊充滿了難民，那些早開門的店家，總是一開門就有一堆人來借廁所。

他的父親蔡福安，為苗栗縣竹南鎮人，務農維生，他的母親則在他七歲時就過世了，連他在內，兄弟姊妹共八人（五男三女），家中的經濟狀況很吃緊，為了改善家裡的經濟狀況，他的二哥、三哥決定到台北打拚，身為老四[1]的他也就跟著他們北上。

他在艱苦的大環境下成長、求生存，自然吃了不少苦頭，比較幸運的是，隨著年紀的增長，家境也逐漸好轉，他不用和二哥、三哥一樣負擔家計，有較多的時間念書，加上他很懂得上進，求學之路相當順利，一路從建中念到台大法律系，成了台灣第一代企業家中極少數具有高學歷的一位。也由於體驗過苦日子，所以他在成功之後，仍舊勤儉持家，過著簡樸、自律的生活，從平日穿著到出國旅遊行李的打包，都不勞他人之手，自己打理。

也或許是因為他的際遇比哥哥們幸運，所以在性格或作風上顯得格外開朗，尤其不同於三哥——蔡萬霖生活的低調、喜歡獨處，他喜歡和人群相處，不但往來的朋友多，採訪他的記者也都喜歡稱他「阿才伯」，在記者心目中，他是一個沒有架子的好好先生，對於記者的提問，不管方不方便回答，他總是滿面的笑容，與三哥的嚴肅形成強烈的對比。不過在對待下屬方面，他倒是和三哥一樣，以「賞罰分明」聞名，且均能充分信任、授權給優秀的幹部，讓人才願意終身效命。

（二）欣然接受分家所得

蔡家兄弟感情向來不錯，長期一起打拚事業，後來因為二哥蔡萬春身體不佳，以及他的子女與蔡萬霖、蔡萬才在企業的經營理念上有較大差異，所以決定分家。分家的過程相當順利，沒有爭吵，蔡萬才也曾提過對於蔡氏第一代分家的想法，他認為蔡家第一代事業的建立，二哥蔡萬春大他十三歲，付出和貢獻都最多，分家時分得最多，這是理所當然的，而三哥蔡萬霖懂得用十信交換國泰人壽，這是因為三哥很有眼光，至於他自己分到的是國泰產險，雖然這個事業體相對於兩個哥哥所分到的事業體，是較難獲利的產業，但他覺得自己能繼續念書不能不說是拜兩位哥哥改善了家中的經濟所賜，所以他欣然接受分家所得。

二、企業的成長之路

（一）更上一層樓

1.高明的投資布局

蔡氏家族分家之後，蔡萬才憑著幾次重要的投資布局創辦了富邦集團，並為富邦集團奠定良好的發展基礎：

首先是一九八九年至一九九〇年之間，金融股不斷的大漲狂飆時，他反其道而行，以每股二千元出脫國泰人壽的股票，因而取得二百億元的現金，這筆錢成了富邦的創業基金，也避開日後的股市崩盤。

一九九二年富邦銀行成立，次年富邦人壽成立，這一年他將國泰產險正式更名為富邦（取「富國安邦」之意）產險，在二〇〇一年金融六法立法後，開始買回流通在外的富邦股票，並整合旗下的金融、證券事業體，領先同業成為第一家掛牌的、產品線最齊全的金控公司，並讓兩個兒子（蔡明忠兄弟）共同擔任執行長，聯手打拼，富邦集團也開始世代交替，他自己則扮演重大事情的最後決策者與協助者，例如二〇〇一年，台北銀行尋求併購對象時，蔡明忠兄弟就是在他的支持下，以超優惠的條件打敗開發金、中信金等五大競爭對手，取得北銀，總資產增加為一兆一千七百零九億元，市場的占有率也因此提高百分之五，成為大型金控公司。

2. 勤奮工作

蔡萬才是典型的第一代企業家，勤奮工作的特色在他身上也非常顯著，工作起來廢寢忘食，參加會議一定準時，絕不遲到一分鐘；就算已經是大老闆了，還是經常到富邦建設的工地現場視察；至於集團中的幾十個分支機構，從新竹、桃園，到高雄、台東，他大約每三個月就去一次，去看看員工或開會，有時也向他們說明產險界的現況和公司的希望，主要是去鼓勵士氣，像是開完會和他們一同吃飯、打成一片，長期下來，他能記住一千多位工作夥伴的名字。他的勤奮也沒白費，一點一滴匯聚成企業成長的巨大能量❷。

（二）經營與管理

1.重視公司制度、資金以及人才培養

蔡萬才認為事業一日做大了，公司制度也就越加重要，他在四、五十歲的時候看了很多制度管理類的書籍，並加以運用，後來公司的制度越來越完善，他便授權給各公司去做，重要的事項再報到他那裡，例如協理以上人事異動，會知會他；對外投資的部分，他則做風險管理。

此外，他認為企業經營者過了六十歲以後，比較不適合第一線繁重的職務，

扮演顧問角色就好，大股東則要開始慎重考慮與計劃交棒的事情。而六十五歲時，人的體力、對新知識吸收力會變慢，反應不快，不愛改變，守舊，應當開始交棒，讓企業注入新血注。這樣新陳代謝，下面的人才有機會發揮。

他也相當重視資金和人才，因為沒有具備這兩者的條件，硬要做什麼事業都不可能成功，尤其是金融業是長期投資，靠借款來做是不行的。至於人才，台灣所有的產物保險公司加起來，還沒有富邦保險一家大，關鍵就在於富邦有很完善的待遇及制度，讓人才願意進入這個企業體制。

關於人才的培養，他覺得首先要懂得信任人，他舉例說：許多產保公司的總經理、董事長為開源節流，親自管交際費。底下的人請客人吃飯、喝酒，報賬時，喝完的啤酒空罐就擺在總經理面前，總經理親自幫他算喝多少。他剛好相反，沒有交際費的限制，但也沒有人敢亂花。曾經有一兩個經理花得比較多，他自己受不了別人的懷疑，後來就換到別的公司去做。

2.循序漸進的交棒計畫

二○○四年，蔡萬才看長子蔡明忠、次子蔡明興，都到了四、五十歲的黃金歲月，自己就開始淡出經營，把經營的重任交給兩個兒子。

蔡萬才非常重視子女的教育，對兩個兒子的栽培，更是費了不少心血，老大蔡明忠畢業於台大法律系，並取得美國喬治城大學法律碩士；老二蔡明興主攻金融，台大商學系畢業後，取得紐約大學財務金融碩士。在學成後，蔡萬才讓他們先到外面的公司做兩年工作，累積基本的社會經驗；等他們三十歲時，才能陸續進入富邦產險擔任常務董事，而為了磨練他們，又把他們帶進中華開發金的董事會（那時富邦持有中華開發金的百分之十三股權，擁有三席董事），讓他們與許多金融界的大老一起看開發的財務報表、投資及放款案，雖然因為沒有經驗，往往「只有鼓掌的分」，但這對於剛進金融界的新人來說，實在很難得的見習機會。

雖然他也知道兒子們年輕，經驗少，就算風險很明顯的擺在眼前，也未必會知道，但年輕人學習經營公司本來就要繳一些學費，如果這個學費負擔得起，損失的錢再賺回來就是了，他不願為了顧全眼前而太過於保護他們，畢竟年輕時出錯，還有長輩可以適時輔導、改正，在這種挫折與磨練過程中，自然就會形成獨當一面的能力，因此他對於兒子們經營事業所造成的失誤，也不會過於苛責，而是適度的給予支持、鼓勵，因為他相信在這些過程中，他們會知道哪裡做不對，以後要如何避開風險，將來成就會更大。

此外，為了要避免人治色彩，導致企業危機發生，他也幫兒子引進專業經理人（「外商五公子」中的吳均龐、丁予嘉、蔣國樑、龔天行，都是富邦引進的），而任用這些專業經理人的同時，充分授權，讓責任歸屬明確。

他也教兒子們看人，早期他的兒子們在任用幹部之前，會先約好考慮的任用人選，再會同他做面談，在面談的過程中，很容易就可以決定該人選是否適任。而他自己識人能力的建立，可追溯到民國四十幾年時，那時他還沒滿三十歲，剛開始做貿易，常被做小生意的人倒，晚上還得跑去人家家裡要錢。這些大大小小的挫折，讓他學會看人，後來只要聽一個人說話就可知道，這個人可不可以相信。他說這大致可從兩方面來作判斷：第一是腦筋清楚、有學問；第二是講話就事論事，很實在，不會說好聽話，或攀交情。也就是腳踏實地、表裡如一的人才值得信賴，花言巧語、拍馬屁，車還沒到就要幫人開車門的人，連試用都不需要。

一開始，蔡萬才就安排兩個兒子分工合作，對於這兩個兒子，他是這樣看待的：「明忠喜歡管事情，對內他比較雞婆，有點像我啦；明興不一樣，大而化之，會被別人拐走。但那是七、八年前的事了。經過這些年，人成熟很快，四十歲到五十歲之間成長很快，每個人都會如此，接近黃金時期，腦筋最清楚、體力又足，經過相當的歷練，好壞的事情可以很快領會。我以前都會幫他阻擋，說誰是好人、壞人，有的他怕我知道，找他去喝酒那種都中標，後來才知道。三十幾歲是歷練不夠，容易被設計。」因此，他讓行事謹慎的蔡明忠專注於當時富邦的新興事業——台灣大哥大、台灣固網等電信事業，以及督導台北銀行、富邦建設；讓擅長數字管理、又會衝業績的蔡明興接管保險、證券和富邦銀行等證券金融事業群。這樣的人事布局，讓富邦集團不但能往前衝，也非常穩健。直到二〇〇六年年底，金管會以資金供給者不能同時做需求者，以及金控董事長會很忙，不能兼任其他公司董事長等理由，點名蔡明忠任金控董事長不能兼台灣大哥大董事長，才改由蔡明興擔任台灣大哥大董事長。

蔡萬才將重擔交給兩個兒子後，扮演的是顧問以及最後決策者的腳色，尤其是在風險控制上把關。因為他認為要避免虧損的原則正是做好風險評估，而且要相當的保守，以金融業來說，應是七分保守，三分衝勁，才會細水長流。事業要有足夠的時間慢慢成長，不能有暴發戶心態，想到投資就以為一定會賺錢，事前要分析清楚，確實有把握才能投資，那種一直四處投資，把公司做得很大，然後請一個總經理來管的經營者，很容易就會失敗。像經營銀行，很多人都以為銀行是一本萬利而投資銀行業，但也因此被套牢，而富邦一開始就認為這是三代的事業，不能急，要穩重經營，不要打壞形象，因為信用很重要，尤其是企業形象。也要有「永續經營」的雄心，不能一做不好就關起來。第一代打基礎，很辛苦；第二代還是做得很辛苦，還要購併；三十年之後，第三代就輕鬆了，就像一口活井一樣，取之不盡，但不會氾濫。

另外，因為兩代在衡量事情的眼光及判斷標準的不同，在蔡明忠兩兄弟出狀況或猛踩「油門」的時候，蔡萬才總會適度伸出援手或「踩煞車」，扮演集團的「守護者」。例如：四十歲出頭時的蔡明忠兄弟曾歷經國揚與國產車風暴，幾乎虧掉富邦集團一百億元，他只好親自出馬解決富邦空前的最大危機；二〇〇〇年，蔡明忠兄弟想把富邦賣給美國花旗集團，他堅持只能入股與策略聯盟，而這個堅持讓富邦脫胎換骨；另外，他也會適時接受兒子的意見，像當初兩個兒子想投資金融本業以外的台灣大哥大，原先他是不答應的，但經過兒子們不斷的遊說，他也考量台灣大哥大已有相當的經濟規模，客戶不會隨時退戶，風險很小，且景氣好、壞都需要打電話，最後才答應。後來證明了，兒子的眼光果然是不錯的，如果沒有去承接台哥大的話，那時台哥大會跟著太電一起倒，未必擁有今日的榮景。

三、家庭與人生觀

蔡萬才的夫人蔡楊湘薰是台中清水望族，兩人婚後，互相扶持，育有四名子女——蔡明忠、蔡明興、蔡明玫、蔡明純。

蔡萬才和他的夫人感情和睦，攜手同行，已超過半世紀，他們的子女特地於二〇〇五年三月初舉辦了一場溫馨聚會，慶祝他們「金婚」。

蔡氏家族有很好的傳統——和睦興家，這從蔡家第一代分家時的情況便可得知，而蔡萬霖、蔡萬才在經營他們個人的家庭時也是延續這樣的氣氛，蔡萬才及兩個兒子長年都住在一起（富邦保險大樓頂樓），三家人有各自的居家空間，但蔡萬才夫婦每天都可見到所有的孫子，三代同堂，非常和樂。

也因為長期住在一起，維持親密的感情，也培養出絕佳的工作默契，父子三人每週固定在蔡家書房開書房會議，討論富邦的發展大略。兩兄弟密切合作，當然也會有意見不一致的時候，此時蔡萬才便會擔任最後的仲裁者。

蔡萬才很少在公開場合談起自己的人生觀，從一次訪談的記錄中，或可見一斑。一九九八年年中，他在接受媒體專訪時，曾回應對於現代教育的看法這類的問題，他認為自己不是教育專家，或許無法提供什麼具體的作法，但可以確定的是現代教育極缺乏道德教育，他認為應該加強這類的品德教育，而他個人認為讓他受用無窮的道德教育是：「愛家庭、尊敬長輩、愛護幼小，一切以自己家庭成員的利益為考慮，這樣才算是負責任的人。這樣才不會做出太離譜、危害社會的事情。如果以個人為中心，這種社會就沒有希望。你顧慮到家裡成員，就不會做出害別人的事，因為這樣會影響到家裡的人。」

❶蔡萬才的大哥蔡萬生、二哥蔡萬春、三哥蔡萬霖、弟弟蔡萬得，除大哥早逝外，其餘四兄弟後來在商場，都不凡的成就。但真正將蔡家帶出窮困，富甲一方的是二哥蔡萬春。

❷富邦建設是一九七八年成立的，當時生意很好，所接的工程大多是在板橋、新莊一帶，總面積達好幾千畝。富邦建設讓蔡萬才賺了很多錢，他用賺的錢買了很多土地，有的雖沒蓋房子，但靠出讓土地也賺了不少錢。後來他做銀行業，很多資產都是富邦建設賺來的。

馬來西亞NO.1：亞洲糖王——

郭鶴年

（馬來西亞排名第一，世界排名第一〇四）

一、第一桶金
（一）繼承父業，青出於藍
郭鶴年的祖籍是中國福建省，他出生於
西亞。他的父親郭欽鑑排行第
六，上頭有五位兄長，其中三哥郭欽瑞
郭欽仁很早就從中國飄洋過海到馬
來西亞南端柔佛州的新山謀生，郭欽鑑
十六歲時，也從中國到了馬來西亞，起
初當過店員，也開過咖啡店，後來在四哥郭欽仁所創辦的東昇公司工作，做的是
買賣米糧、大豆、糖的生意。
郭鶴年的母親鄭格如，在郭欽鑑離鄉奮鬥的十一年後，從中國遠嫁到馬來西
亞。郭鶴年出生的時候，郭家已是小富之家，因此他從小便能受到良好的教育，
就讀的學校都是名校，尤其是後來就讀的新加坡萊佛士學院，培養出不少新馬
區傑出的領袖（前新加坡總理李光耀便是此校畢業）。直到一九四
爭爆發，郭鶴年不得不中斷學業，進入三菱公司新山分行的
一九四二年到一九四五年這段期間，郭家的東
大戰結

郭鶴年
生日 1923年10月6日
出生地 馬來西亞
事業基地 馬來西亞、香港
人稱 亞洲糖王、酒店大王
現任 嘉里集團主席

◎事業

郭鶴年經營糖業、香格里拉酒店、嘉里地產、《南華早報》等。事業版圖遍及亞洲、歐洲、美洲以及大洋洲，涉及的業務應有盡有，如：糖業、商品貿易、酒店業、電視業、麵粉業、三夾板業、礦業、保險業、工程建設等。

◎重要榮譽

☆二〇〇四年於新加坡舉辦的亞太華商領袖評選中獲選為亞太最具創造力之華商領袖。

◎財富金榜

☆在二〇〇七年《富比士》雜誌的富豪排行榜裡，郭鶴年個人的資產淨值為七十億美元，位居馬來西亞首富。

◎名言

・企業家都有一種使命感。賺錢當然是最重要的工作，可是，當獲得大量金錢後，使命感便會油然而生。沒有使命感，一個人很快便想到退休，每天在高爾夫球場出現。

・危機就是機會。一名生意人必需保持對時勢的敏感與警覺。

- 做生意有如逆水行舟，必須不斷向前划，否則，一停下來便可能倒退。因此，我們不能停下來，必須不斷向前、不斷尋找機會。
- 員工能否對公司有歸屬感，與領導者本身是否公平對待員工，以及給予他們怎樣的報酬息息相關。

一、第一桶金

(一)繼承父業，青出於藍

郭鶴年的祖籍是中國福建省，他出生於馬來西亞。他的父親郭欽鑑排行第六，上頭有五位兄長，其中三哥郭欽瑞、四哥郭欽仁很早就從中國飄洋過海到馬來西亞南端柔佛州的新山謀生，郭欽鑑在十六歲時，也從中國到了馬來西亞，起初當過店員，也開過咖啡店，後來在四哥郭欽仁所創辦的東昇公司工作，做的是買賣米糧、大豆、糖的生意。

郭鶴年的母親鄭格如，在郭欽鑑離鄉奮鬥的十一年後，從中國遠嫁到馬來西亞。郭鶴年出生的時候，郭家已是小富之家，因此他從小便能受到良好的教育，就讀的學校都是名校，尤其是後來就讀的新加坡萊佛士學院，培養出不少新馬地區傑出的領袖（前新加坡總理李光耀便是此校畢業）。直到一九四二年太平洋戰爭爆發，郭鶴年不得不中斷學業，進入三菱公司新山分行的米糧部工作。

一九四二年到一九四五年這段期間，郭家的東昇公司也一度停業，直到二次大戰結束後才恢復，東昇從此改由郭欽鑑負責經營，郭鶴年也在此時離開三菱，回到自家公司協助父親經商，當時他見到父親勤奮過人，東昇的所有事務都親力親為，業績蒸蒸日上，這段日子對他有不小的影響。

一九四七年二十四歲的郭鶴年到新加坡去開創屬於自己的事業，成立力克務有限公司，營業的項目包括：雜貨商、船務經紀、船租業以及膠粘劑製造商等；一九四八年郭父去世，東昇公司結束營業，他回到新山，因母親鄭格如的建議，家族成員共同籌組了郭兄弟（馬）有限公司，做白米、麵粉、食用糖的進口買賣生意，家族成員們並一致推舉博學多才的郭鶴年出來主導公司的經營；一九六五年，他將力克務有限公司改名為郭兄弟（新加坡）有限公司；兩地的公司在他的經營下，都有聲有色，經營的成果相當不錯，充分展現出他個人的經商才華。

一九五〇年代初期，為了進一步發展事業，他專程去英國做市場調查，並學習商務知識。在倫敦的這幾年裡，他對糖業的經營做了全面深入的調查，對糖業貿易的操作狀況也瞭若指掌，這些知識的擴充與累積，對他的幫助非常大，尤其是他將英國制度運用於日後的商業管理，獲得非常好的成效。

（二）膽識過人，成為亞洲糖王

一九五〇年代中期，他回到馬來西亞時，又成立了另一家公司——民天有限公司，這個公司主要是從事商品貿易，由於之前成立的郭氏有限公司已經做出知名度及信譽，所以他的新事業很快就進入狀況，同時由於馬來西亞剛剛脫離英國而獨立，他認為在這個時間點上，過去屬於英國獨占的市場，在英國撤離之際、政權移轉的過渡階段，會產生一段不可避免的空白，百事待興，能敏銳察覺這些機會所在的人，便能奪得先機，於是他一方面探聽相關訊息，一方面向郭氏家族的成員做出極為大膽的建議，即把全部的身家用來投資煉糖廠工業，又同時與馬來西亞政府接洽，大約花了兩年的時間，得到家族的同意，也掙得與政府聯營合作的機會，設立了馬來西亞第一家白糖煉糖廠，及租借到十四萬英畝的叢林，加以開闢後即可用來種植甘蔗，又迅速在馬來西亞全境建立銷售網，形成「原料——加工——銷售」的「一體化經營」體制。

一九六二年，馬來西亞糖廠成立沒多久，就遭到來自中國外貿部的挑戰，當時中國方面想把白糖輸入馬來西亞市場，以賺取豐厚的外匯，當這個風聲傳出來時，郭鶴年就察覺到狀況不妙，因為一旦中國這麼做，馬來西亞糖廠必然受到致命的衝擊，於是立刻從印度輸入價格更為便宜的白糖，在馬來西亞大量販售，結果讓中國的計畫徹底失敗，他也從此名聲大振，亞洲糖王的封號就是源自於此次精采的商業謀劃，連中國方面都因此對他刮目相看，後來甚至與他展開商業上的往來。

一九六〇年代，郭鶴年致力於食糖的生產與提煉業務，同時積極開發食糖的相關商品市場，甚至拓展到倫敦、紐約的糖市場買賣，他對國際市場的布局也越來越成熟，這個時期累積了他個人的第一桶金——人生的第一個一百萬，為他日後擴大經營提供了資金保證。

二、企業的成長之路

（一）更上一層樓

1. 多元投資

一九七〇年代是郭氏集團更上一層樓的黃金時期，郭鶴年將商業的觸角延伸至印尼，與印尼首富林紹良合作，設立了一萬公頃的蔗園，這是印尼最大的甘蔗種植公司；此外，也透過跨國多邊貿易的方式，進行食糖的交易活動。

據當時統計，他每年買賣的食糖，已達到一千六百萬噸的驚人數量，所獲得的龐大利潤可想而知，再加上他善於多元經營，白米、棕油等商品貿易的成果也都非常可觀，經過這二十年的努力，他成了亞洲甚至是在國際上舉足輕重的大企業家。

他在經營糖業的成功之際，對酒店事業產生濃厚的興趣，於是用賣糖賺來的錢，在新加坡的酒店還不普遍時，就正式投資酒店業，在新加坡設立第一家香格里拉（英文Shangrila的音譯，指「幻想的世外桃源」）酒店，第一年虧損了不少錢，不過在他的全心經營下，漸漸轉虧為盈，並創下驚人的業績，讓他對於酒店業更有信心，因而著手進行更大量的投資，在斐濟和馬來西亞的檳城發展渡假酒店。

一九七〇年代初期，他開始將事業的重心漸漸往香港移動，一九七四年成立嘉里貿易有限公司，做期貨買賣，一九七七年成立克利輪船公司，從事貨運生意。同年購買大片土地，興建香格里拉酒店（客房數約有七百二十間），一開業便有很好的成績，且長期以來的住客率都很高。

2.擇善固執

他在酒店事業上的高峰，到了八〇年代中期，各地區的酒店因為景氣不好，或者越來多其他酒店加入競爭等問題，開始遭遇一些大小不等的挫折，如吉隆坡、曼谷等地區的香格里拉酒店，陸續都有巨大的虧損，又如新加坡的香格里拉酒店盈利大幅下降，然而這些挫折並沒有讓他卻步，因為他對旅遊業深具信心，尤其看重西太平洋區域的旅遊業潛力，他認為這個地區是世界人口密度最高的地方，且擁有眾多的名勝古蹟，隨著生活水平的日漸提升，這個地區的旅遊業也勢必跟著越來越興盛，因而這個地區的酒店業前景相當值得期待，這種的想法讓他就算景氣不好，還是維持一定的步調適量擴展酒店事業的據點，拓展的過程難免也受各地區政經狀況的影響，但不管遇到什麼樣的挫敗，他的意志力驚人，並有過人的眼光與勇氣，多年下來度過了各種難關，如今這些圍繞著太平洋興建的香格里拉酒店，已是國際著名的五星級酒店品牌，為他帶來了數不清的財富和巨大的榮譽，且他這個酒店艦隊的陣容還在持續的壯大中。

在酒店事業受挫的同時期，他所經營的事業中，船運業的投資也受到重大挫敗，差點就拖垮了他整個事業王國，當時經過分析後，他判斷船運在幾年內沒有什麼發展空間，就立刻放棄這方面投資，保住了他的事業王國。

一九八九年六四事件發生時，香港的有錢人紛紛脫產、外移，但郭鶴年家族卻反其道，大量投資地產業，這種「勇者無懼，人棄我取」的精神，和香港的財富超人李嘉誠的投資策略極為相似，英雄所見略同——郭鶴年和李嘉誠同樣看好香港的前途，認為中國的政策會顧及香港原有的經濟榮景。

從以上他面對事業危機的態度與做法，以及對於投資的選擇看來，可知他的投資哲學是：對於無希望獲得利益的投資，立刻收手，絕不觀望猶豫；而對於有潛力的行業，一旦擬定好周詳的計畫，就不會只看眼前的得失，而是堅持到底。

3.重視人和，左右逢源

除了經營糖業、酒店業的成功，他所從事的其他多元投資，也都毫不遜色，不管從事哪一行，大多數都能從中獲取龐大的利潤，而他之所以如此成功，除了個人獨到的投資眼光，也因為他能夠「得人和」，與政府、工商業界都能融洽相處，左右逢源，財源滾滾而來。

特別的是，不管在媒體上或公共場合，郭鶴年都異常的低調，從不炫耀自己的財富，生活節儉簡樸；做人踏實，不攀附權貴、不追求虛名，雖然和馬來西亞、新加坡的許多要人有著深厚的私人交情，但他除了曾擔任馬來西亞駐美國大使和馬來西亞旅遊局主席等職外，極少出入政界；尤其不愛在媒體上曝光，私底下則非常和藹可親、平易近人，相交滿天下，這或許是因為他擁有超凡的個人魅力——健談再加上做事情公正、不占人便宜、不說人壞話的風格，樹立了良好的個人形象，所以在商場上格外吃得開，由此得到不少事業上的好夥伴，如亞洲首富李嘉誠、印尼林氏集團董事長林紹良、香港電影業大亨邵逸夫等人，和他都有密切的合作關係。而他處處展現出的紳士風度，不僅讓他容易結交朋友，他的下屬乃至對手也一致稱讚：「他是一位真正的紳士。」

郭鶴年的成功也來自於刻苦耐勞，他曾不只一次提到：「開始做生意時，是不夠本錢的，靠著微小的儲蓄，加上超人般的勤奮工作，我們要成功，不得不比常人勤奮一倍——兩年的工作，一年就要完成。」就是這種超乎常人的勤勞，再加上以上所說的獨到的投資眼光、貴人的幫助，成就自然非凡。

（二）經營與管理

1. 成功的領導人

郭鶴年的商業王國屬於家族生意的模式，他是總司令，數名子、侄及跟隨他多年的元老重臣共同協助打理。

在企業管理上，郭鶴年是馬來西亞的企業界中最早把現代管理應用在企業之中的企業家，他認為當個成功的領導人，應改把握住以下幾點：

第一，一方面要擁有一批強大及有高度效率的經理人才，另一方面要努力工作以樹立榜樣，並與屬下的各級員工密切合作，為公司奮鬥。例如他讓得力的幹部進入各個事業體的董事會，並充分授權，讓他們完全負起行政的任務，自己則扮演決策人的角色。由於他用人不疑、不吝於獎勵幹部的作風，因此身邊不乏願意為他效命一輩子的高層幹部。一位高層的管理者就曾這麼說：「郭氏集團是一個非常緊密的家族企業，它的核心是一群專業人士。我們之中有些人已為郭鶴年先生工作超過二十五年了。我們之間並無正式的溝通管道，然而雇員之間的溝通卻非常好。」正因為這些幹部的各盡其職，也讓他能專心的為這個龐大的商業王國做出更長遠、規模更大的計畫。

第二，應以公平及誠實的態度與所有人交往，平時以禮待人，講究信用，才會建立良好的聲譽。一旦面臨困境時，也會得到貴人協助。

第三，需擁有堅強的體魄及精神意志，隨時為公司的前途盡力奮鬥。

2. 迴避風險與程序分明的財務管理

在財務管理與運用方面，郭鶴年走謹慎的路線，例如在他經營的事業裡，大多數是屬於風險比較高的行業，但自有一套迴避風險的方法，那就是擴大投資領域，把雞蛋放在不同的籃子裡面，讓風險降到最低。

另外，他認為應該把握住程序分明的管理方式，例如他集團下的每一個公司都是獨立的營利中心，並有專人負責監督現金的流動和營利狀況，公司和公司間可以有交易的活動，但嚴禁做互相補貼的交易，這種做法能確保集團內公司的財務狀況互不牽連而清楚明白。

3. 勤奮不歇

隨著年歲的增長，郭鶴年考慮讓下一代人接班，一九八六年起便陸續辭去集團裡的一些職務，一九九二年則正式將他的事業交棒給他的兒子們，不過他是退而不休，因為「退休的目的不是不做事，而是希望接班人能夠發揮」。如今八十四歲了，他仍是郭氏集團的最高決策者，熱衷於事業，忙碌奔走於北京、香港、天津、深圳、福州等地，因此與他往來密切的人士，常用「很有拚勁」來形容他。

他曾這麼說：「企業家都有一種使命感。賺錢當然是最重要的工作，可是，當獲得大量金錢後，使命感便會油然而生。沒有使命感，一個人很快便想到退休，每天在高爾夫球場出現。」也曾說：「做生意有如逆水行舟，必須不斷向前划，否則，一停下來便可能倒退。因此，我們不能停下來，必須不斷向前、不斷尋找機會。」他這種「創業宜趁早，拓業不怕老」的精神，帶動企業的整體士氣，也受到社會大眾的欽佩以及讚譽。

三、家庭與人生觀

五〇年代初期，郭鶴年與Joyce Margerete結婚，育有兩男兩女。長子郭孔丞從柔佛巴魯英文書院畢業後，便到澳洲留學，學習企業管理，學成後就回到家鄉。那時候郭鶴年的商業重心已轉移到香港，因此郭孔丞大多數的時間留在香港協助他，有時也需前往新、馬地區處理商務。直到郭孔炎（郭鶴年的次子）完成學業，定居新加坡，並接管新馬事務，郭孔丞就完全留在他身邊幫忙。他讓郭孔丞任擔香格里拉集團的董事，郭鶴年的許多商業活動都有他參與策劃。郭鶴年購買「港視」三成多的股權後，郭鶴年和郭孔丞進入TVB董事局擔任交替董事。在事業上，他的兩個兒子幫他分擔了不少重擔，是他得力的左右手。

郭鶴年的第一任妻子，在七〇年代末年就過世了，後來再娶的第二任郭夫人常陪他出席一些社交場合，兩人感情非常好，育有三名子女。其中幼女郭淑嫁給了馬來西亞的富豪阿都拉昔，這個乘龍快婿後來也成了郭鶴年事業上的好夥伴。除了兒子、女婿，他的幾名侄兒也都能在商場上撐起一片天，例如出名的有郭孔輔，他負責打理食糖生意，另一名侄兒郭冠倫則全心全意盯住地產業務。

郭鶴年認為人生在世有兩件事要做的，首先要能刻苦工作、努力奮鬥，給家人好的生活，行有餘力就要幫助一些在教育上有需要的人們，這樣社會才會和諧、穩定和進步。因此他積極倡導公益事業，提供一些家境清寒的青年學子獎學金。

香港NO.1：亞洲的財富超人——

李嘉誠

（香港排名第一，世界排名第九）

第一桶金
（一）全心全意的投入
李嘉誠出生於中國廣東省的潮州，早年
逃避戰火，跟著家人到香港謀
生，後來因為父親病逝，那年他還不足十
就中斷了學校的課業，一肩挑起養
家的重擔。
最初，他到塑膠貿易公司去做推銷員的工作，當時因為剛出社會，應對客戶
的技巧很生澀，也常因太過緊張無法順暢的介紹出產品，東西老是賣不出去。
他自知要突破這個窘境，首先要克服自己容易緊張的毛病，而唯有充分的準
備，才能從容的面對客戶。於是，他開始鍛鍊自己在事前做足準備的功夫，例如
見客戶前，一定先熟念所有的產品相關資料、模擬客戶可能會問的問題，
理客戶會重視的細節等等。
因為他事先把要說的話都整理好，再加上反覆的練
特別流利順暢，又能迅速清晰的為客戶解決疑惑
與信賴，

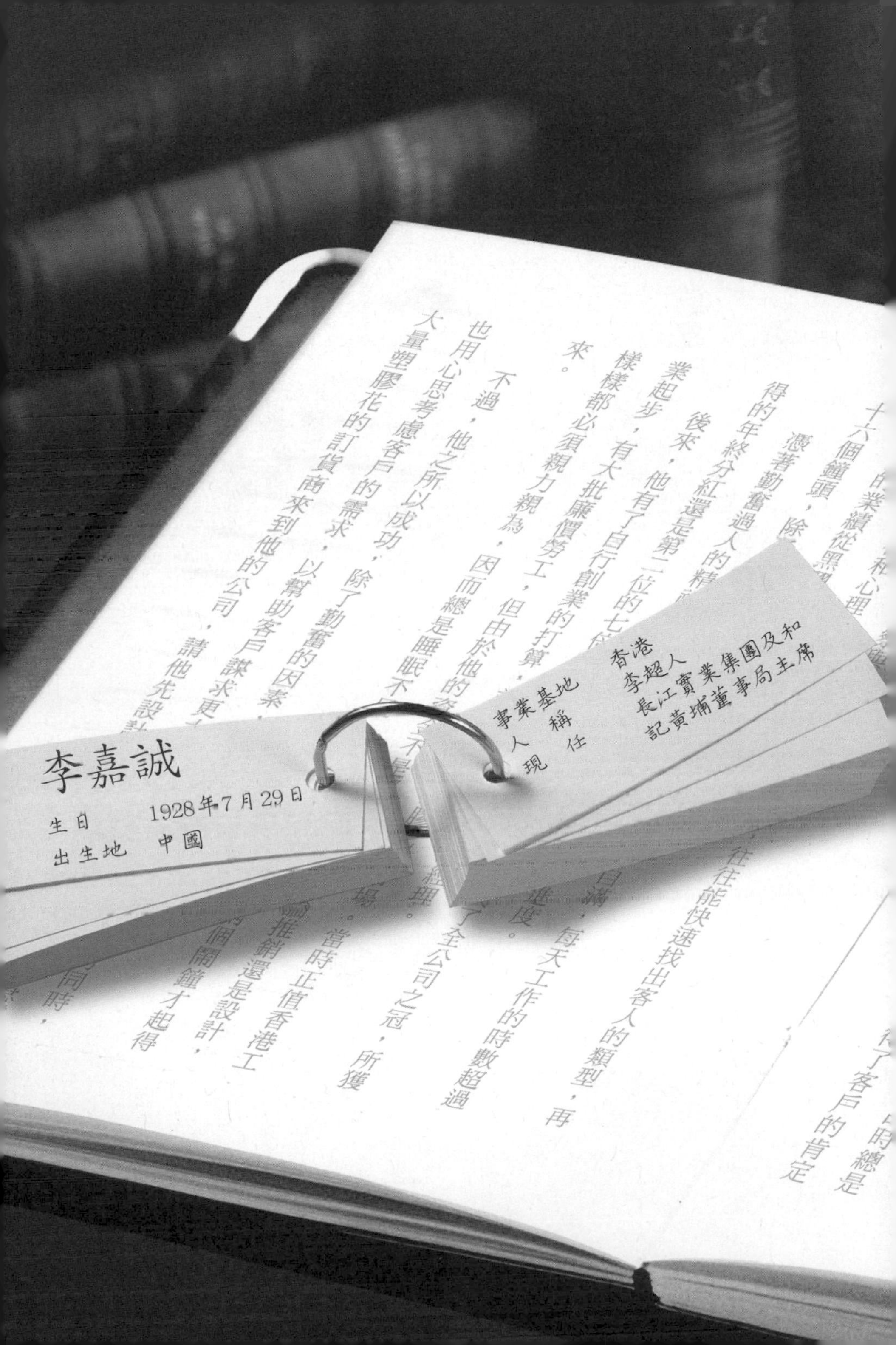
李嘉誠
生日 1928年7月29日
出生地 中國
事業基地 香港
人稱 李超人
現任 長江實業集團及和記黃埔董事局主席

◎事業

在亞洲，甚是在全球，很少企業家能夠像李嘉誠這麼成功——他從艱困的童年中奮起，通過各種嚴酷的考驗，不斷的追求超越，至今網羅二十五萬名員工，建立了一個業務多元化、遍布全球五十四個國家的龐大商業王國：其控股的赫斯基能源每日生產三十幾萬桶石油；海上運輸頻繁的貨櫃裡有百分之十三是在他經營的港口內裝卸貨物；全球超過一千三百五十萬人使用他所經營的3G行動電話網路；旗下擁有的七千五百家零售店，已成為中國、法國、英國、俄羅斯等各國消費者生活中的一部分；所涉足基礎建設及地產業的經營，每年豐厚的營收，同業難望其項背……

◎重要榮譽

☆獲英國《泰晤士報》及英國安永會計師事務所評選為「千禧企業家」。
☆屢被國際性雜誌評選為全亞洲最具影響力的人物。

◎財富金榜

☆據二〇〇七年《富比士》雜誌的統計，李嘉誠個人的資產淨值高達二百三十億美元，居世界第九位，同時是世界上最富有的華人。富比士公司總裁史蒂夫·富比士盛讚李嘉誠不僅是「我們時代最偉大的企業家」，而且「在任何時代，都是最偉大的企業家」。

◎名言

・做生意一定要有大勝局的觀念，不能只做小打小鬧的事，否則你做的永遠都是地攤生意。

・做生意在有把握的前提下，最忌慢步而行，你應當克服這一點，大步朝著自己的目標走下去，這樣才能走得長久。

◎他人之眼

・究竟應該向李嘉誠學什麼？上海復星高科技集團董事長郭廣昌總結他從李嘉誠身上所學得的心得：一、在不斷鞏固已有業務的技術、管理能力的同時，不拒絕尋找新的機會。二、在開展新業務時不做願望式的假設，提前評估好自己是否輸得起。三、所能支撐前兩點的是心態。只有一種高明的內心平衡機制，才能讓他既保持良好的進攻性，堅持尋找挑戰，又擁有足夠的自控，不變成一個賭徒。

一、第一桶金

（一）全心全意的投入

李嘉誠出生於中國廣東省的潮州，早年為了逃避戰火，跟著家人到香港謀生，後來因為父親病逝，那年他還不足十五歲就中斷了學校的課業，一肩挑起養家的重擔。

最初，他到塑膠貿易公司去做推銷員的工作，當時因為剛出社會，應對客戶的技巧很生澀，也常因太過緊張無法順暢的介紹出產品，東西老是賣不出去。

他自知要突破這個窘境，首先要克服自己容易緊張的毛病，而唯有充分的準備，才能從容的面對客戶。於是，他開始鍛鍊自己在事前做足準備的功夫，例如見客戶前，一定先熟念所有的產品相關資料、模擬客戶可能會問的問題，以及整理客戶會重視的細節等等。

因為他事先把要說的話都整理好，再加上反覆的練習，所以介紹產品時總是特別流利順暢，又能迅速清晰的為客戶解決疑惑，專業的形象贏得了客戶的肯定與信賴，購買率大增。

另一方面，他的觀察與分析技巧越來越好，往往能快速找出客人的類型，再針對客戶的性格和心理，運用最有效的推銷策略。

他的業績從黑翻紅，蒸蒸日上，不過他一點也不自滿，每天工作的時數超過十六個鐘頭，除了勤於四處開拓新客源，夜間還到工廠盯進度。

憑著勤奮過人的精神和全心全意的投入，他的營業額成了全公司之冠，所獲得的年終分紅還是第二位的七倍，不到二十歲，便升任總經理。

後來，他有了自行創業的打算，並選擇投入塑膠花的市場。當時正值香港工業起步，有大批廉價勞工，但由於他的資金不是那麼充裕，不論推銷還是設計，樣樣都必須親力親為，因而總是睡眠不足，有時甚至必須用到兩個鬧鐘才起得來。

不過，他之所以成功，除了勤奮的因素，更重要的是因為他在賺錢的同時，也用心思考慮客戶的需求，以幫助客戶謀求更大的利潤，例如有一回，一位急需大量塑膠花的訂貨商來到他的公司，請他先設計幾款塑膠花的樣式，隔天再討論。

第二天，李嘉誠帶著腫脹的雙眼赴約，當場拿出八款塑膠花的樣式，並告訴訂貨商：「先生，這八款塑膠花是我和公司設計人員昨晚一夜沒睡，按你的願望設計出來的，有五款應該是很符合你的要求的；而另外三款，是因為我考慮到你的訂貨是為耶誕節準備的，因此，在你要求的基礎上，再揉進一些東方民族的傳統風味，我認為或許你會喜歡，所以全部拿來，供你挑選。」

這位訂貨商十分驚訝，很欽佩他竟然能在一夜之間設計出八種款式的塑膠花，加上李嘉誠開出對訂方很優惠的合作條件，訂貨商相當滿意，很高興的答應了這筆交易。

這次的成功使李嘉誠的公司在香港塑膠市場的競爭能力大增，也使他更加相信，凡事只要能下定決心、展現誠意、以及付出努力，就能通往成功之路。他日後也總是說自己創業初期，是百分之百不靠運氣，全靠工作、靠辛苦、靠工作能力而賺錢，並再三強調投入工作的重要性：「投入工作十分重要，你要對你的事業有興趣；今日你對你的事業有興趣，工作上一定做得好。」是啊！唯有對自己的事業有興趣，才能領略成功的要訣，工作才能做得好，也才有出類拔萃的機會。

（二）注重求知與思考

雖然李嘉誠很早就中斷學校的課業，但是他自小重視知識、熱愛讀書的態度，並沒有因而改變，多數人在忙碌了整天的工作之後，都是想著回家儘早休息，不過他卻是想盡辦法利用晚上的時間自學。

由於經濟困難，支應日常所需已很不容易，讀書當然是一種奢侈，但他相信只要有決心就有方法解決，於是經常買舊書來讀，讀完了便賣，再用賣舊書的錢來買新的舊書，這樣一來就不愁沒有買書錢了。

這種閱讀習慣常為李嘉誠的事業帶來新的契機，例如：在創業沒多久、工廠的規模很小的時期，資金的問題很令他傷腦筋，一天，他從英文雜誌上看到國外有一部很好的機器，可製造出較優質塑膠，很適合香港市場，但要向外國訂購這樣的機器實在太過於昂貴，便著手研究機器的製造，這次研發的成果帶來豐厚的利潤。

然而好景不常，由於操之過急，現有的資金負荷不了擴張的速度，塑膠廠開始週轉不靈，產品品管不夠穩定的問題也逐一浮現，各種困境接踵而來，銀行職員、原料商、客戶、工人等各方面的人員也相繼施予壓力，他天天周旋在這些人之間而苦無對策，身心受到巨大的煎熬，飽嘗了失敗的痛苦。

在如此苦不堪言的處境下，他讀到最新英文版《塑膠》雜誌上關於義大利一家公司製造的塑膠花即將傾銷歐美市場的消息，這消息雖然刊在很不引人注目的地方，但卻為他帶來一些靈感，他想到的是人們在物質上的生活達到一定水準之後，必然會轉而注重精神生活，因此像塑膠花這種東西，既能夠美化空間，提升人們生活的品質，又不像真實花卉一樣需要細心照料，這對生活節奏快速的現代社會人來說，是很貼近人們需求的商品，想到這裡，他大膽預測：一個塑膠花的黃金時代即將來臨。

他以積極的行動力、用盡心思往這個方向投注努力之後，果真成功帶動了香港塑膠業發展的潮流，還成了「塑膠花大王」，不僅度過了企業的危機，並走上個人事業的第一個高峰。

這類成功的經驗，讓他日後更加確信並奉行「知識改變命運」的觀點，永遠不滿足於實務經驗的累積，而採取更積極的方式攝取新知，以蓄養企業成長的能量，從而走在世界的前端、主導趨勢。至於思考的廣度，他是這麼說的：「我每天百分之九十以上的時間不是用來想今天的事情，而是想明年、五年、十年後的事情。」

他認為「後見之明」在商業社會中只有很狹隘的貢獻，人類最獨特的是不僅擁有洞悉思考事物本質的理智，而是擁有遵守承諾、矯正更新的能力、堅守價值觀及追求目標的意志。且要相信會有更大的舞台等著自己站上去，唯有不斷的準備，才能隨時掌握每一個契機。

至於如何思考未來呢？他覺得應當多多思考每件事的「如果」，這種多面向多層次的思考方式將帶來極大的價值。其實，從李嘉誠在求知與思考方面的重視與努力看來，便不難理解，為何他總是能做出最精準的決策，帶領他的企業一次又一次交出傲人的成績。

二、企業的成長之路

（一）更上一層樓

1.人棄我取，逆境取勝

李嘉誠有極其敏銳、獨到的眼光，他能夠在一項業務的極盛時期，洞悉危機所在，然後迅速作出新的部署和嘗試；也能夠在某個產業衰退，人人忙著抽身之際，預測到無限的商機，而採取大量投資的攻勢。他說：「選擇別人放棄的東西，自己重新開始『謀略』，不失為做生意的一種巧術。」

例如：當年塑膠花這個行業大發利市，大有帶動香港工業起飛之勢時，他預測到塑膠花的市場有限，頂多再有幾年的黃金時間，而毅然決然改投資地產。

一九六七年的香港，地產、股票市場大跌，許多有錢人紛紛移民，賤價變賣家產物業，但他卻反其道而行，趁機購入大量的地皮、舊樓和廠房，結果到了七〇年，香港人口由戰後的六十多萬激增至四百多萬，房屋需求隨著劇增，他旗下的集團因而賺了大錢，很快就成為香港的一大地產發展和投資公司，一九七二年成為上市公司時，其股票被超額認購六十五倍，顯示出其實力已備受社會大眾的肯定。

八〇年代，香港的前途問題，讓香港人的信心又遭遇重大挫折，移民風潮再起，股價、樓價大跌，他再次逆著潮流而行，大舉投資香港，沒多久後，因為具有長遠的發展藍圖取得滙豐銀行的信任，以優惠價成功收購和黃，為他日後的港口業務建立深厚的基礎，從上述這些歷程看來，別人放棄的東西，經過他的重新謀略，不但能起死回生，還每每締造出亮眼的成績，讓人難望其項背。

即使如此，在香港房地產最高峰時，李嘉誠又領先同業，看到個中危機，一九九七年他開始不斷出售旗下的物業，並積極開展新的事業版圖，把資金分散投資於電訊、基礎建設、服務、零售等多個領域，這是他後來能成功避過金融風暴的重要關鍵。

總結李嘉誠的經驗時，不難發現在成功之後持續保持高度的危機感是多麼重要的事，至於「逆境取勝」的功力從何而來呢？這是因為他喜歡大量閱讀書籍及各種報導，並從中設想自己公司可能會遭遇的逆境，找到公司潛在的弱點，然後與公司內部的智庫開會討論，尋找改變的方法，等落實之後，逆境來的時候也就成了一種機會。

2.長線投資

在經濟衰退時，有很多人問李嘉誠經營秘訣，對於這個問題，他指出長線投資的重要性，景氣好時不太過樂觀，景氣壞時不太過悲觀，也就是要把眼光放遠，衡量資產是否具有獲利的潛力，若是具有潛力，反而要把握住衰退期間，大量投資。

以房地產為例：他不會因為當下景氣好，立刻買下很多地皮，從一購一賣之間牟取利潤，而是先全面了解產業，例如供需的情況，市民的收入和支出，以至世界經濟前景，因為香港經濟會受到世界各地的影響，也受政治氣候的影響，所以在決定一件大事之前，總會很審慎，跟所有相關的人士商量，一旦方針確定之後，便不再變更。

仔細觀察他所領導的集團，便會發現他們的確只做長線投資，每次的商業布局，絕對是放眼未來，如果出售一部分業務可以改善他們的戰略地位，便會毫不遲疑的出售，但萬一無法評估投資金額的上限，那麼不管某個產業的前景再怎麼看好，也會暫緩腳步，例如雖然非常看好3G的發展，但絕不會為了獲得每一個3G營業執照而無限制的競標，像在德國的執照成本過於高昂，超過了預算，只好退出。

知道何時應該退出，這點非常重要，在管理任何一項業務時都必須牢記這一點，穩中求進是他一貫的主張，事先制定出預算，然後在適當的時候以合適的價格投資，才能獲得最大的利潤。

（二）經營與管理

1.自我管理

李嘉誠究竟是如何領導旗下那樣眾多的員工，以及如何有效管理名下龐大的事業群，是很多人極感興趣、想深入了解的部分，關於扮演領導者角色這一點，他認為首要的是先做好自我管理。

「自我管理」是一種「靜態管理」，是培養理性力量的基本功，是人把知識和經驗轉變為能力的催化劑，他建議在人生在不同的階段中，要經常反思自問：我有什麼心願？我有宏偉的夢想，但我懂不懂得什麼是節制的熱情？我有拚戰命運的決心，但我有沒有面對恐懼的勇氣？我有資訊、有機會，但我有沒有實用智慧的心思？我自信能力、天賦過人，但有沒有面對順流逆流時懂得恰如其分處理的心力？這些問題的答案可能因時、因事、因處境，審時度勢而有所不同，但思索是上天恩賜人類捍衛命運的盾牌，懂得思索與反省，才能讓自我了解，進而改變自己，而達到自我成長。

2. 知人善任

至於企業管理，他說：「成就事業最關鍵的是要有人能夠幫助你，樂意跟你工作，這是我的哲學。我是雜牌軍總司令，難道我拿機槍會好得過那個機槍手嗎？難道我可以強過那個炮手嗎？總司令懂得指揮就可以了。」

又說：「知人善任，大多數人都會有部分長處，部分短處，好像大象食量以斗計，蟻一小勺便足夠。各盡所能，各取所需，以量材而用為原則。又像一部機器，假如主要的機件需要用五百匹馬力去發動，而其中的一個部件則只需半匹馬力去發動，雖然半匹馬力與五百匹馬力相比小很多，但也能發揮其作用」，因此「領袖管理團隊要知道什麼是正確的『槓桿』心態。『槓桿定律』始祖阿基米德(Archimedes)是古希臘學者，他曾說：『給我一個支點，我可以舉起整個地球。』尋找支點是以效率和節省資源為出發點，與海克力士(Hercules)單憑個人力氣相比，阿基米德是有效得多。聰明的管理者要專注研究，精算出的是支點的位置，支點的正確無誤才是結果的核心。」

從以上他的談話中，可知這樣一位雜牌總司令，其實是大有學問的，像在他的經營團隊裡有：具非凡分析本領的金融財務專家、經營房地產的高手、深思熟慮的謀士、精明有衝勁的優秀青年……，除了任用香港人，也重用西方人，他之所以能讓這麼多高手樂於在他的企業裡效力，與他迴避了東方式家族化管理模式是分不開的。

不過除了引入西方先進的企業管理經驗，也保留東方重視人情味的元素，他的看法是：要令員工有歸屬感，才能讓他們安心工作，應給員工好的待遇，並給員工好的前途，讓他有一個責任感，感受到公司的成績與他是百分之百相關的，才能留得住人才。另外由於他自己有打工、受薪的經驗，很能瞭解員工們的希望，所以和員工的關係非常良好，如公司中的高級行政人員流失率低於百分之一，這在現代高度競爭的社會裡是非常難得的現象。

至於人才的挑選，他認為自然是要延攬「比自己更聰明的人才」，但絕對不能挑選名氣大但妄自標榜的企業明星。因為在分秒必爭的現代企業，組織內部固然不可能接受那些濫竽充數、唯唯諾諾或灰心喪志的員工，但也不容許有過分自我中心的「企業大將」。另外，親人並不一定就是親信。如果企業用人唯親的話，就一定會受到挫敗。

判斷一個人是否能成為親信，最好是挑選一個共同工作過的人，工作過一段時間後，看看他的人生方向，以及對你的感情，若都是正向的，交辦給他的每一項重要工作，他都能圓滿達成任務，那麼這個人才可以做為親信。還有，挑選員工，忠誠是基本條件，但光有忠誠而能力低的人或道德水準低下的人也是不可取的。

仔細研究李嘉誠的經營方式及成果，會發現他說「好的處世哲學和懂得用人之道是他成功的前提」，絕非虛言！

三、家庭與人生觀

李嘉誠和他已故的妻子莊月明（於一九九〇年因心臟病發作過世）是青梅竹馬的玩伴，雖然兩人從小就感情很好，兩情相悅，但因為家境懸殊：女方家境富裕，受過良好的教育；男方早年家境貧苦，又只有中學文憑。所以兩人之間的感情遲遲得不到家人們的認可，但兩人不管相隔多遠，用時間證明了他們真摯與堅定的感情，直到一九六三年，李嘉誠三十五歲、莊月明三十一歲，這對有情人在大家的祝福聲中終成眷屬。

兩人婚後相互扶持，莊月明加入長江實業的經營，勤奮、認真的幫著丈夫打理事務，一九七二年長江實業成為上市公司，她也有相當大的功勞。不過，她是一位很傳統的女士，平時絕少公開露面，即使出席公開活動時，也總是保持著低調而謙和的態度，一點也看不出身為高階領導者的傲氣。

李嘉誠和莊月明育有兩個兒子——李澤鉅、李澤楷。李嘉誠很重視對孩子的教育，在兩個小孩才八、九歲時，就讓他們列席公司的會議，有一回大人們為了公事爭執得很兇，一個個面紅耳赤，嗓門也越來越大，兩人被嚇哭了，李嘉誠笑著安撫他們：「孩子別怕，我們爭吵是為了工作，正常現象，木不鑽不透，理不辯不明嘛！」

又有一次，董事會討論公司應拿多少股份的問題，李嘉誠說：「我們公司拿百分之十的股份是公正的，拿百分之十一也可以，但是我主張只拿百分之九的股份。」當時參與的董事們，有的贊成，有的則持反對意見，正在爭執不休的時候，李澤鉅舉手說：「爸爸，我反對您的意見，我認為應拿百分十一的股份，能多賺錢啊！」李澤楷也急忙附和說：「只有傻瓜才拿百分之九的股份啊！」大人們聽了這一對小兄弟說的話，都忍不住笑了，李嘉誠則趁機給他們上了一課：「孩子，這經商之道學問深著呢，不是一加一那麼簡單，你想拿百分之十一發大財反而發不了，你只拿百分之九，財源才能滾滾而來。」

李嘉誠為了讓孩子們能夠獨立自主，將他們送到美國留學。李澤鉅、李澤楷並沒有因為身為億萬富翁之子而過著舒適的生活，反而跟平常一般人家的子弟沒什麼不同，想要多點零用錢，就得靠自己打工賺錢。李澤楷還曾用打工的錢幫助生活困難的同學，這種事情後來被李嘉誠夫婦知道了，都感到非常欣慰。李嘉誠還對妻子說：「孩子這樣發展下去，將來準有出息。」

李澤鉅和李澤楷兩兄弟在美國史丹佛大學畢業後，想到父親的公司幫忙，李嘉誠卻對他們說：「我的公司不需要你們！」一開始，兩兄弟都覺得父親在開玩笑，不相信父親旗下有那麼多的公司，都沒有適合他們的工作，李嘉誠才告訴他們：「別說我只有兩個兒子，就是有二十個兒子也能安排工作。但是我想還是你們自己去打江山，讓實踐證明你們是否合格到我公司來任職。」

知道父親的用心良苦，兩兄弟都欣然接受了父親的建議。於是，兩兄弟一起到加拿大發展。李澤鉅開設的是地產開發公司，李澤楷則成了多倫多投資銀行最年輕的合夥人。兩人在外面闖天下的過程中所遇到大大小小的困難，都是靠自己解決，就算李嘉誠問他們有什麼困難，要幫忙解決，他們也會說：「困難是有的，我們自己可以解決。」因為他們很清楚，父親就是為了鍛鍊他們，才讓他們到異鄉奮鬥，所以不可能出手幫助他們的。

兩年後，兩兄弟都各交出了一份非常亮眼的成績單，李嘉誠這時才很高興的要兩兄弟回香港，到自家的公司任職，並叮囑他們：「注重自己的名聲，努力工作，與人為善，遵守諾言，這會有助於你們的事業。」

對於李嘉誠的教導，兩兄弟確實都受益良多，並成為人人稱讚的好商人。李澤鉅就曾說：「感謝父親從小對我們的培養教育，他是最好的商業教師，尤其在教授『不賺錢』這點上。我從父親身上學到了最主要的是怎樣做一個正直的商人。」

除了兩個成材的兒子，李嘉誠曾公開他的第三個兒子——李嘉誠基金會。龐大的財富，人人嚮往，但他卻主張內心的富貴才是真正的富貴，他說：「今天商業社會的進步不僅要靠個人勇氣、勤奮和堅持，更重要的是建立社群所需要的誠實、慷慨，從而創造出一個更公平、更公正的社會。」因此，「亞洲最偉大的慈善家」比「亞洲最富有的人」更能代表他對自我的期許。

長期以來，李嘉誠熱心公益事業，先後捐助數十億，辦學校、建醫院、支援殘疾人事業等。二〇〇六年九月，他在一場演講中提到：「我的第三個兒子，他早已擁有我不少的資產，我全心全意的愛護他，我相信基金會的同仁及我的家人，一定會把我的理念，通過知識教育改變命運或是以正確及高效率的方法，幫助正在深淵痛苦無助的人，把這心願延續下去。」

他也曾公開表示二〇〇八年起，可以減少部分管理集團的工作量，但並不是要休息，而是能有更多時間來考慮基金會運作的情況。每個月他都抽出三天全天時間，每天花不少於八小時跟基金會同事與不同的慈善團體見面，討論他們提出的捐款項目建議。

李嘉誠的富有，除了讓人羨慕，也讓人感動！

四、其他

1. 李嘉誠從年輕的時候，就喜歡翻閱上市公司的年度報告書，他覺得這些報告書表面上很沉悶，但從中可看出各個會計處理方法的優點和漏弊、方向的選擇和公司資源的分布，可帶來很大的啟示。
2. 李嘉誠在財務方面，強烈主張穩妥的策略，他從不向銀行借貸，其哲學是「做生意似划船」，除了要先想「有沒有足夠氣力從A處划到B處？」還要衡量自己「有氣力划回來嗎？」所以，李嘉誠總是能確保資金的充足。

3. 對李嘉誠而言，管理人員對會計知識的把持和尊重、對現金流以及公司預算的控制，是最基本的元素。此外還有兩點不可忘記，第一，管理人員特別要花心思在脆弱環節；第二，在任何組織內優柔寡斷者和盲目衝動者均是一種傳染病毒，前者的延誤時機和後者的盲目衝動均可使企業在一夕間造成毀滅性的災難。

4. 任何企業面對大環境的變化時，不免都要進行戰略上的調整，且企業內部需進行多方面的變革才能適應這種調整，及達到戰略上的目標，至於哪些方面的調整最為重要？哪些環節最容易出錯？哪些環節重要而又最容易被忽略？李嘉誠認為在調整前，最要緊的是先獲取最確實的資料，才能擬定出正確的方針，同時要時時確保有流動的資金，很多公司就是因為沒有流動的資金而挫敗。還有，改革的過程，公司同事的士氣也非常重要。

5. 李嘉誠是一個善於開會的人，開會通常只要四十五分鐘，他要他的員工開會前一定要先做好功課，提出困難的人就要先想出解決的方法，並說明何種解決辦法是最好的，這正是決策明快的要訣。

6. 李嘉誠認為人我之間一定會有與其他人的意見相左之時，面對這種情況一定要虛心，聽聽專家的意見，雖然他自己的知識面很廣，但在聽取別人的意見時，假如感到其中有一個項目是不好的，還是非常虛心地聽，因為有的時候，可能百分之九十是自己認為不好的，但他人講的百分之十是自己不知道的，那麼這個百分之十可能就是成敗的關鍵。當然，作為一家公司的最後決策者，一定要對行業有相當深的瞭解，不然的話，判斷力一定會出錯。尤其是在這個時代，判斷力一出錯，造成的影響往往相當巨大。

7. 在七〇年代中，長江實業集團擊敗置地標到地鐵公司一塊位於中環的地皮，對於此事，李嘉誠不認為自己是擊敗置地，而是因為自己「有好多合作夥伴，合作後仍有來往。譬如標到地鐵公司那塊地皮是因為知道地鐵公司需要現金。……要首先想對方的利益，才能說服他跟自己合作」。

8. 一九九九年，李嘉誠因出售英國Orange電訊公司股份給德國一間電訊公司，獲利逾千億元，成為電訊業史上獲利最多的單筆交易，標誌著他成為世界最重要的交易者之一。這是李嘉誠最引以為傲的交易，他說：「這宗交易令我最開心的不是利潤的滿足，而是我和我的同事都知道我們十年的辛苦經營、多年的努力得到一份真正的回報，這就是別人認同我們所得到的成就，令我們感到很光榮。」這項重大的收購，僅用了短短一週的時間，和黃前高層人員馬世民分析李嘉誠此次的成功，一來是因為懂得掌握時機，趁低吸納，二來是因為速戰速決，在最有利情況下達成交易。

李兆基

香港NO.2：地產奇才——

（香港排名第二，世界排名第二十二）

伴——馮景禧、郭得勝打理。
二、企業的成長之路
（一）更上一層樓
1.地產三劍俠

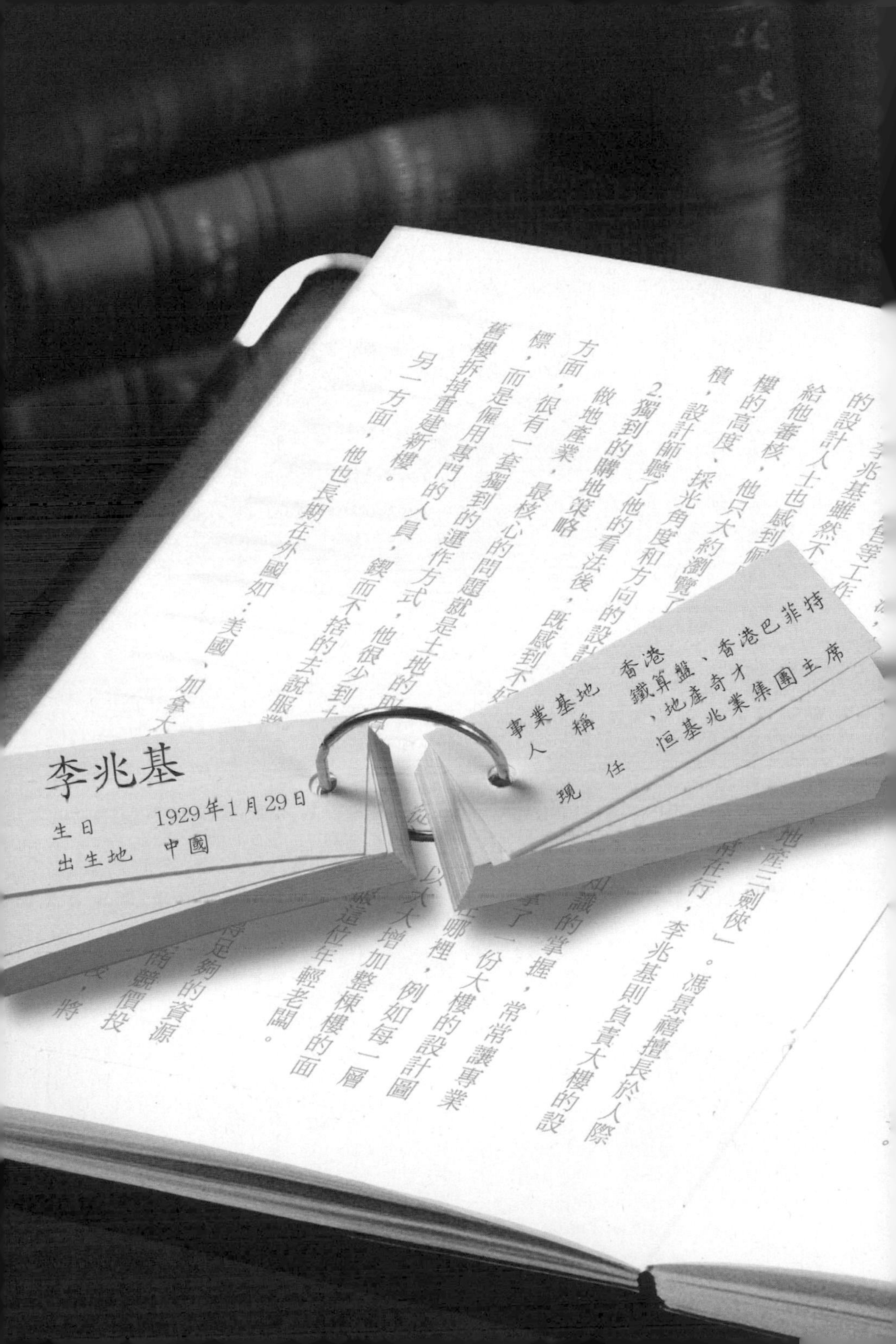
李兆基
生日 1929年1月29日
出生地 中國
事業基地 香港
人稱 鐵算盤、香港巴菲特、地產奇才
現任 恒基兆業集團主席

◎事業

李兆基所領導的恒基兆業地產集團，目前包含六家在香港聯合交易所有限公司主板上市之公司。主要的經營策略，係以確立該集團在大型住宅項目的領導地位為主要目標，同時擴大收租業務、增加策略性的投資，以擴大收益及拓展資產的基礎。即以地產為主，同時也涉及多元化的事業經營，以從中獲取更多的現金流量，例如：控股投資、財務業務、能源、酒店、建築、物業管理、渡輪等。二〇〇七年，該集團在中國的業務迅速擴展，目前在北京、上海等大型城市全力建造地標商廈，在其他的二線城市也積極建造大型的住宅專案；土地收購計畫也取得重大進展，其土地占有面積較去年大幅增長百分之一百五十四，約有三千六百六十九萬平方英尺，二〇〇七年年底預計達到一點五億平方英尺的土地儲備目標。該集團在二〇〇六年下半年至二〇〇七年上半年的全年年度淨利為九十八點一七七億港元，其基本盈利較上年增長百分之十一點七。

◎重要榮譽

✰一九九五年於香港得到「亞洲企業家成就獎」的殊榮，並名列榜首。

✰一九九六年，根據《富比士》雜誌統計，李兆基為亞洲首富。

◎財富金榜

☆在二〇〇七年《富比士》雜誌的富豪排行榜裡，李兆基個人的資產淨值為一百七十億美元，位居香港第二富。

◎名言

・先疾後徐，先聲奪人，徐圖良策。

・小生意怕食不怕息，大生意怕息不怕食。

一、第一桶金

（一）敏銳的商業嗅覺

李兆基出生於中國廣東省的一戶商人之家，排行第四。父親李介甫開設的金鋪、銀莊生意非常興隆，賺了很多錢，在當地稱得上富甲一方。李介甫非常重視教育，認為不管是做人做事或是經商的道理，都應該從小培養起，於是很早就讓長子到外地去磨練。

至於李兆基，自小就在自家經營的店鋪玩耍、學做生意。他跟在父親身邊，年紀雖小，但天天看著形形色色的人來來往往，也看到金鋪的師傅如何將金子打造成各式各樣的金飾，聽著關於交易的買賣語言，對於人際的往來有了超齡的體會，而在耳濡目染之下，自然而然的熟悉商業運作的模式。

李兆基非常有商業天份，他很快就了解店裡大大小小的事情，還能敏銳的判斷出黃金的顏色、輕重，其專業度不亞於一個訓練有素的專家，是父親得力的助手。十二歲時就成了店裡最年輕的掌櫃，到了十五歲時，已可獨自管理金鋪、銀莊的生意，他事必躬親，是店裡最勤奮的人，生意也跟著蒸蒸日上。他的表現讓李介甫相當引以為傲，他放心的把金鋪、銀莊的事情交給李兆基，自己則去管理家中的其他生意。

李兆基十九歲那一年，李介甫將他叫到面前，問他對於將來有什麼計劃，他把想要外出闖事業的一些想法說了出來，李介甫聽完後非常高興，認為兒子的志向遠大，將來一定成就非凡。

於是，李兆基向雙親辭行，獨自到香港謀求更好的發展。由於過去豐富的金子買賣經驗，所以剛到香港的他打算從自己最拿手的事業做起。他為了瞭解當地黃金的買賣行情，走遍了香港金融業務最發達的地區。

在當時動亂的大環境裡，貨幣動不動就貶值，因而商業上的交易通常以較為保值的黃金進行，但黃金的真假並非一般人可以輕易看出來的，許多商人都怕買到假的金子，所以非常需要懂得鑑別黃金的人協助。這種鑑識金子的技巧，正好是李兆基的強項，他靠著這個拿手本領幫商人們鑑別金子，然後獲得報酬，才做了一年，就賺取了足以養家餬口的金錢。

他到香港的第二年（一九五〇年），政治的情勢有了重大的變化，英國承認了中國政府的合法地位，雙方並建立起外交關係，這些改變讓香港人普遍看好香港的前景。有一天，他與一位銀行的經理在茶樓喝茶聊天，這位經理服務的銀行，主要的業務是輔助商賈從事進出口貿易，及支援工廠貸款，因此當這位經理談到香港的前景時，說：「兩年後，香港產品的外銷會激增，估計能達到六億或六億元（港元）以上。」

他一聽馬上眼睛為之一亮，因為這個預測的外銷金額，將占香港全部輸出貨品總值的百分之二十，這意味著香港將從轉運港口的地位，轉變為貿易業和製造業的中心，也意味著先在貿易業、製造業站穩腳步的人，將優先獲得在香港大展鴻圖的兩把金鑰匙。

他是絕頂聰明的人，當然不願意錯過這樣的好機會，但資金在哪兒呢？想到這裡，他立刻請求這位經理提供銀行貸款，這位經理一方面非常佩服李兆基的商業嗅覺與魄力——從簡短的一句話抓到別人還沒看到的方向，以及在這麼短的時間內做出重大的決定，當然也因為對他已有一定的了解，所以當場高興地答應了這個請求。解決資金的問題之後，他就做起五金生意，並從事進出口貿易的業務。

（二）善選合作夥伴

除了從事進出口貿易的業務之外，李兆基仍持續密切的注意香港政經環境的變化，他發現香港儘管地狹人稠，但想到這個地方發展的人還是不斷的湧進來，關於住的問題也就日益重要，在這種僧多粥少的供需狀況下，他預測土地、房屋一定會越來越值錢，於是有意往房地產業發展。

不過，買土地來建屋需要龐大的資金，雖然這幾年的經商已讓他累積了不少資本，但還不足以撐起這樣大的投資案，就在煩惱錢從哪裡來之際，心念一轉，既然靠一己之力是辦不到的，那就找朋友來幫忙吧。

他一口氣找了七位對地產業有興趣的朋友合夥，創辦了永業企業公司，其中五位股東因為有自己的事業要忙，分身乏術，所以參與經營的程度較少，通常只在午餐聚會時，討論永業的業務，其他的事務都全權交由李兆基，以及另兩位夥

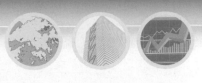

伴——馮景禧、郭得勝打理。

他們三人都投注了百分之百的心力在經營這個公司，再加上他們三人的默契非常好，不管是理念還是做事的方法都很接近，在這種齊心又協力的情況下，爆發力驚人，才一年的時間，永業公司已經締造出亮眼的成績，受到同業的注目。這一年，李兆基三十歲。

二、企業的成長之路

(一)更上一層樓

1.地產三劍俠，合作無間

一九六三年，永業公司的營運狀況越來越好，不過李兆基、馮景禧、郭得勝三人為了能取得完全的發揮空間，而另組了一家新的地產公司——新鴻基有限公司，這個名字是由三人各自的公司或名字中的一個字組合而成，「新」選自馮景禧的新禧公司，「鴻」選自郭得勝的鴻昌行，「基」則是取自李兆基的名字。

他們三個人默契好，各有所長，被譽為「地產三劍俠」。馮景禧擅長於人際關係，郭得勝是務實派，對於預算成本的管控非常在行，李兆基則負責大樓的設計、買地、銷售等工作。

李兆基雖然不是學建築出身的，但他對建築專業知識的掌握，常常讓專業的設計人士也感到佩服不已。有一回，一位有名的設計師拿了一份大樓的設計圖給他審核，他只大約瀏覽了一下，就立即指出設計圖的問題在哪裡，例如每一層樓的高度、採光角度和方向的設計等，經過調整後，便可以大大增加整棟樓的面積，設計師聽了他的看法後，既感到不好意思，也打從心底佩服這位年輕老闆。

2.獨到的購地策略

做地產業，最核心的問題就是土地的取得。李兆基在買地以取得足夠的資源方面，很有一套獨到的運作方式，他很少到土地拍賣會上去和其他地產商競價投標，而是僱用專門的人員，鍥而不捨的去說服業主們出售舊樓，購得舊樓後，將舊樓拆掉重建新樓。

另一方面，他也長期在外國如：美國、加拿大等地刊登買樓的廣告。他這個策略最大的效益是——在其他業者毫無準備的情況下，用便宜的價格並領先購買到許多市區的土地。

此外，早期房屋的銷售為了降低銷售成本，都是以「棟」做為買賣的單位，然而整棟的樓價自然不低，所以多數的小市民很難買得起，李兆基很敏銳的察覺到這一點，於是他領先同業，推出分層銷售的一系列策劃，果然，獲得普遍市民的熱烈迴響，銷售成績非常耀眼。

由於李兆基、馮景禧、郭得勝的合作無間，十多年的歲月過去，新鴻基有限公司已發展為地產屆屬一屬二的指標性公司之一。當年，由於三個人對地產業有志一同，但因實力不夠而合夥打拚，如今，已各自具備了撐起一片天的能力，於是當一九七二年新鴻基地產上市之時，三人決定各自發展，「地產三劍俠」的時代宣告結束。

(二)經營與管理

1.多角化的投資

李兆基辭去新鴻基地產的總經理職務後，至今仍一直擔任該公司的副主席，當年，他分得大約價值五千萬港元的樓盤和物業，他拿著這筆鉅額的資金，成立永泰建業公司。

一九七二年到一九七三年，香港的股市從高峰跌到谷底，在這個過程中，因為他善於掌握時機投資股票，賺了不少錢，股票為他帶來的厚利，使其財富以驚人的速度成長，因而被稱為「香港巴菲特」、「亞洲股神」。

他用從股票賺來的錢作為資本，低價購進不少當時因為景氣問題而被迫賤賣的物業和樓盤。雖然香港的地產業常因各種因素而起伏跌宕，他卻不受外在環境好壞的左右，而是認為若地產的市場淡就停止建樓，那麼，公司的那麼多員工怎麼辦？當然，也不能等好市，才要開始建樓。

因此，他的地產事業總是以一定的速度持續的建樓，果然即使香港受到多次政治、經濟層面的衝擊，樓價仍能穩步上揚，而不管是豪宅還是中小型樓宇，始終熱賣，其地產事業也就一路看漲。他在一九七三年將永泰建業公司改名為恒基兆業有限公司，如同宣告了屬於李兆基的時代即將到來。

恒基兆業有限公司成立後，李兆基的經營方向更為多角化，雖然主要的精力仍然投注在房地產發展、買賣、樓宇的租售，以及設計施工上，但業務的範圍則沒有侷限在地產上，而是購買了多家上市企業。多元化投資的目的是希望從中獲取更多的現金流量，再用這些現金來拓展業務，從而形成良性的循環。

儘管企業已成長到他人難望其項背的程度，李兆基仍堅持親力親為，並以目光精準而備受稱讚。例如：一九八三年，他為了讓集團發展為多方位企業，致力拓展交通、能源、旅遊等業務，陸續收購「中華煤氣有限公司」、「香港小輪集團有限公司」、「美麗華酒店集團」等，使「恒基兆業集團」實力大增，也使集團在香港經濟低迷時期仍保持了盈利增長。如二〇〇三年中，該公司擁有的土地儲備達一千九百萬平方英尺，但該財政年度，恒基兆業地產業虧損二億多港元，「中華煤氣」卻取得十八億港元的盈利。

2.精於計算以及設身處地為客戶著想

「小生意怕食不怕息，大生意怕息不怕食。」是李兆基的格言，他認為做小生意成功的要點是勤奮，至於做大生意，因為牽涉的本錢和利益很大，多一分少一分利息都會造成很大的影響，所以要精確的計算。

他認為要成功，最重要的是勤奮好學、思考靈活，以培養先知先覺的能力，事前做好充分的準備，做事便能快人一步。例如：從事地產業，最重要的是要具備預測能力以及鑑別能力，才能比他人先挑中好的地點，也會有很高的成就感。而恒基兆業的建築之所以受到肯定，很重要的一點是因為能夠抓住客戶的需求，這個部分他投入很多心力，有時候甚至會親自指導繪圖、設計，並假設自己是一個住戶，設身處地的去考慮住宅各方面的設計。在這種精神下的貫徹下，恒基兆業建築的設計合理，使用起來便利，因而很容易得到客戶的青睞。另外，哪個地區適合發展怎樣的地產專案，也有他獨到的眼光，其目光的準確，總讓香港地產界嘖嘖稱奇。

此外，經營事業除了講求快速、精準之外，他也重視人情味，幾十年下來，恒基兆業和香港的各大地產公司幾乎都有合作過，被視為「百搭」地王。

三、家庭與人生觀

李兆基在三十歲那一年，與劉慧娟小姐結婚，兩人婚姻生活的前十五年，感情非常融洽，在李兆基創辦恒基兆業後，劉慧娟也共同經營公司的事務，但兩人在工作理念上差異越來越大，最終以離婚收場。

李兆基沒有再娶，與前妻育有的二子三女，因為無法給子女一個完整的家庭，心中始終對於這五名子女有一種虧欠感，所以格外愛護他們，不管事業上有多麼繁忙，他一定會找時間與孩子們相聚。

他非常重視孩子們的言行，但看到他們犯錯，卻與一般的「嚴父」形象不同，不會疾言厲色斥責，而是處處以身作則，讓孩子們在耳濡目染中，自然而然改掉一些不良的習慣。因而在他的孩子們的心目中，他是個極為優秀的父親。

李兆基很早就開始培養他的接班人，早在八〇年代初期，他就分別送兩個兒子——李家傑、李家誠到英國和加拿大留學。李家傑學成回香港後，並沒有立即進入恒基兆業工作，而是與朋友們一起經營與地產無關的事業，他希望能藉此來多多鍛鍊自己。李兆基對於兒子的這個想法，大表贊同。

一段時間後，李家傑進入恒基兆業工作，但被安排到集團的各個部門實習了好幾年，李兆基才漸漸將大權交給他。九〇年代初期，李家誠也進入恒基兆業，同樣也是以李兆基私人助理的身分進入集團內部學習和工作，經過一段日子後，他也漸漸有獨當一面的能力，成了李兆基的得力助手。

在人生的道路上，李兆基和李嘉誠有極為相似之處，那就是他們的財富觀以及重視回饋社會的想法。

在財富觀上：李兆基談起個人財富問題，抱有「不義而富且貴，於我如浮雲」的看法。他認為不顧道義、不擇手段的賺錢方式，就算真能帶給自己發達也沒有用，人應該要有自己的原則和理想。

他雖然幼時讀書不多，但他頗有古文修養，買下、貯存有大批古書。由於他曾捐出大筆基金給牛津大學，牛津贈予他「院士」和「博士」的榮銜。不過，他在社會傳媒方面一向保持低調，不願接受記者採訪，不願在報刊上出頭露面。

在回饋社會上：他在事業成功之餘，從不忘熱心公益、服務社會。如：於一九八二年，和好友鄭裕彤、霍英東及王寬誠等人成立了「培華教育基金會」，由他擔任信託理事會主席，該基金會主要是贊助中國內地各項教育及培訓，十多年來，該基金會為現代化建設，特別是偏遠貧困地區培訓了大批高級管理人才；在香港，他又首席贊助興建香港順德聯誼總會李兆基中學，創設「英國牛津大學李兆基學位獎學基金」等。

他不但熱心資助文化教育事業，也熱心贊助社會其他各項公益事業，例如投資五億港元興建旨在為市民提供醫療福利的香港沙田仁安醫院等。

此外，他也非常關心家鄉的發展，常說：「順德是哺育我成長的故鄉，美好的童年回憶常縈繞在心頭，支持家鄉建設是我多年的心願。」因此早於一九七八年改革開放之初，便率先捐資一百八十萬元擴建順德華僑中學（後稱順德市李兆基中學）等等，改革開放以來，對順德捐資逾億元之巨。

四、其他

1. 李兆基擅於投資，有二年賺五百億的輝煌記錄，他曾公開提到選擇股票，有三項基本功一定要練好：第一是選擇國家；第二是選擇行業（如：保險、銀行、能源、地產）；第三是選擇龍頭股。

2.李兆基談到投資股票心得時說：「股神巴菲特有件事做得極好，就是買股都作長線投資。我買新股，也都是長線投資，選到鍾意的股，就放著升值，就算過了禁售期，要我賣都不賣。」他的原則是，至少要漲個兩三倍才肯考慮賣。

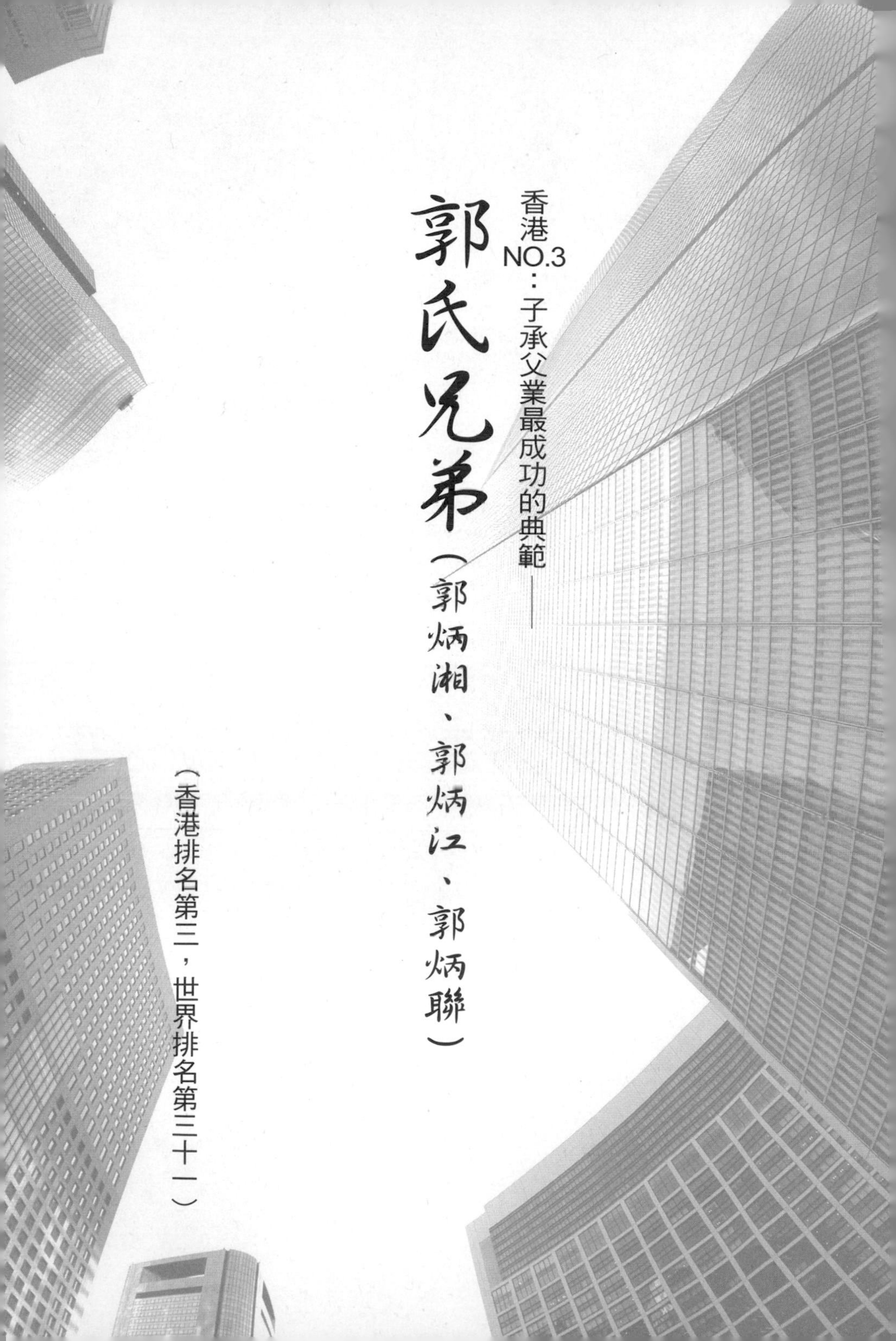

香港NO.3：子承父業最成功的典範——

郭氏兄弟（郭炳湘、郭炳江、郭炳聯）

（香港排名第三，世界排名第三十一）

子承父業
(一)郭得勝之子
郭氏三兄弟——郭炳湘、郭炳江及郭
得勝(卒於一九九〇年十月)的三個兒子
是新鴻基地產創辦人之一——郭
郭得勝是廣東中山人，因為父母
逝，由其祖父撫養，十歲左右就到越南謀
生，經歷了一段相當艱苦的生活，後來回到廣州、上海工作，又因為戰時時局動
亂，再轉往澳門謀求發展，他的子女都是在澳門的出生的。
四十二歲那一年，郭得勝跟幾位好友合夥，在澳門成立鴻昌進出口公司，
從經營洋貨買賣起家，因為工作勤奮，做生意重視誠信原則，生意越做越好，再
加上後來他取得了日本知名品牌拉鏈的獨家代理權，且當時香港的製衣業
盛，所以他的生意也源源不斷，奪得了「洋雜大王」的封號。
一九五八年，郭得勝因為好友李兆基的提議，和幾位友人
起創業的夥伴，還包括了馮景禧
常好

郭炳湘、郭炳江、郭炳聯
生日 1959年、1960年、1961年
出生地 澳門
事業基地 香港
現任 郭炳湘為新鴻基集團主席；郭炳江及郭炳聯同任副主席

◎事業

郭氏兄弟所掌舵的新鴻基集團名號響亮，是香港最大地產商之一。香港的標誌性建築、國際貿易中心、中環廣場、創紀之城以及北京王府井的新東安市場、上海的中環廣場等均出自其手筆。在房地產之外，還涉及酒店經營、保險、公共運輸、電訊、服裝等多個領域。三兄弟於一九九〇年代正式接手父親郭得勝一手創辦的新鴻基。他們接手後的新鴻基，業務依舊蒸蒸日上，被喻為子承父業最成功的典範。郭氏兄弟近年在中國內地有積極的購地與建築計畫，其主要發展策略為在一線城市（北京、上海、廣州及珠江三角洲等）興建地標性的商業及住宅物業。新鴻基地產在二〇〇六年至二〇〇七年的全年營收達三百零九億港元，較上年同期增長百分之二十一，稅後淨利二百一十二億港元，較上年同期增長百分之六點九。

◎重要榮譽

☆新鴻基地產獲得財經雜誌*Euromoney*評選為「香港最佳公司」和「亞洲最佳地產公司」。

◎財富金榜

☆在二〇〇七年《富比士》雜誌的富豪排行榜裡，郭氏兄弟三人的資產淨值為一百五十億美元，位居香港第三富。

◎名言

．其實這個世界上遍地都是黃金，關鍵就是如何去撿。（郭炳湘）
．父親教育我們要省下每一分錢認真學習，才能取得成功。（郭炳湘）
．一個商人應有的正確道德，是否要取得暴利則視個人觀點。但要小心，不是別人賺你的錢就是錯。最緊要的是是否對得起自己、別人和神，神教我們不是賺快錢，而是要誠實和勤力，賺錢後去幫助有需要的人，而不是物質享受。（郭炳江）
．上一代香港人已掌握了衝破困難的秘訣，因為他們明白到只要保持信念，永不放棄，漫天風雨總會有黎明天晴的一刻。香港人比其他地區的人更靈活、頭腦轉得快，而且適應力強，只要重拾信心，肯學肯做，我們絕對有能力戰勝困難。（郭炳聯）

一、子承父業

（一）郭得勝之子

郭氏三兄弟——郭炳湘、郭炳江及郭炳聯，是新鴻基地產創辦人之一——郭得勝（卒於一九九〇年十月）的三個兒子。

郭得勝是廣東中山人，因為父母早逝，由其祖父撫養，十歲左右就到越南謀生，經歷了一段相當艱苦的生活，後來回到廣州、上海工作，又因為戰時時局動亂，再轉往澳門謀求發展，他的子女都是在澳門的出生的。

四十二歲那一年，郭得勝跟幾位好友合夥，在澳門成立鴻昌進出口公司，從經營洋貨買賣起家，因為工作勤奮、做生意重視誠信原則，生意越做越好，再加上後來他取得了日本知名品牌拉鏈的獨家代理權，且當時香港的製衣業非常興盛，所以他的生意也源源不斷，奪得了「洋雜大王」的封號。

一九五八年，郭得勝因為好友李兆基的提議，一同進軍香港地產業，當時一起創業的夥伴，還包括了馮景禧，和幾位友人，成立永業公司，因為經營狀況非常好，一九六三年為了更上一層樓，郭、李、馮三人成立新鴻基公司（郭得勝為董事局主席，李兆基、馮景禧任副主席），三人默契極佳，被喻為「地產三劍俠」。

以地產起家的郭氏家族，長期以來最主要的收入來源是地產方面的收益。而除了地產之外，同時致力開拓電訊業務，如此一來一方面可以減輕對地產收益的依賴，另一方面還可為旗下的物業增加價值，對於銷售是莫大的助力。

郭得勝雖然忙碌於事業，但也非常重視家庭，不管多忙，都儘可能抽空回家吃晚飯，他的太太也是以孩子的生活為重，因此郭家子女很幸福的在父母全心的照顧下健康成長。而郭得勝夫婦以身作則的身教方式，對郭氏三兄弟有深厚的影響，尤其是在做事的原則、金錢觀的建立等方面，例如郭家的家境雖然早已在郭得勝的努力下越來越好，但郭得勝為了讓子女學習樸實和節儉，仍讓子女自行搭公共汽車上下學，沒有像一般有錢人家一樣請司機接送，而為了訓練子女們培養愛惜金錢、善用金錢的習慣，平常給的零用錢也不多，除了日常所需，子女想買點別的零食、用品，都得靠自己儲蓄。

郭得勝很疼愛他的子女，但孩子們難免會犯錯或成績差的時候，這種時候，他會適度的處罰他們，以及解釋責罰的理由，因此郭家子女向來對於父親的責罰都相當心服口服，也非常尊敬他們的父親。郭得勝的女兒郭婉儀曾公開推崇父親，她說：「父親的成功，在於他一生中沒有浪費一分鐘的時間。他時刻不忘學習新事物，喜歡教導後輩；他精明能幹，沒有人可輕易對他隱瞞事實。」

（二）接班之路

郭氏三兄弟都非常爭氣，在求學路上非常努力，均曾在英美名校深造過，不是倫敦、劍橋便是哈佛，郭炳湘學的是土木工程（碩士），郭炳江學的是工商管理（碩士）及土木工程（學士），郭炳聯學的是法律系（碩士）、工商管理（碩士）。

一九九〇年十月，郭得勝因心臟病復發逝世。新鴻基地產由郭氏的三個兒子繼承，長子郭炳湘出任集團董事長兼行政總裁，次子郭炳江和三子郭炳聯擔任副董事長兼董事任總經理。

郭氏三兄弟之所以能順利而快速的接班，來自於郭得勝的苦心栽培，從郭氏三兄弟很小的時候，他每個星期天都會帶著這三個孩子到房地產的建設工地玩耍，讓他們親近這個行業，了解這個行業，然後喜愛這個行業。

郭炳湘大約從二十幾歲起便幫忙郭得勝打理公司的事務，因為年輕沒經歷過風浪，剛開始接觸挫折時，總是既煩惱又沮喪，有一回公司面臨資金調度困難的窘境，思考了很久，實在是找不出法子解決問題，只好向郭得勝求救，他對父親說：「我們已經盡了全力了，還是感到資金缺口比較大。」郭得勝笑著回他：「兒子啊！這是因為你還沒找到盲點的所在，所以才沒辦法解決。」他著急的說：「但是我們確實推演過各種方法了啊！」郭得勝慢條斯理的告訴他：「如果善於運用，你就會發現，在銀行裡、在社會上，原來還有那麼多錢是可以利用的。社會集資、股票、風險投資等經濟形式不就說明了這一點嗎？」這時，郭炳湘才恍然大悟的說：「對啊！其實這個世界上遍地都是黃金，關鍵就是如何去撿。」郭得勝說：「正是如此，我們忽略的地方，往往可能就是最好的機會；我們看到的一片空白，也許那裡就蘊藏著黃金珍寶。盲點，就是我們一直沒有看到、沒有開啟的寶藏。」

郭得勝的名言是：「一直看好香港地產長期向上，短期的波動不要緊，長期而言肯定一浪高於一浪。每逢市場大跌就逐步買入，待市道上升時，所購入土地已建成樓宇，可出售獲利。」此外，他除了留下了龐大的家業，郭炳聯曾說，對他們三兄弟而言，父親送給他們最珍貴的禮物是「對人要誠實」、「對人要友愛」、「對自己做的東西要有激情」。

郭得勝的事業觀及人生觀都深深影響了郭氏三兄弟，郭炳江就這麼說過：「我們（新鴻基）集團視香港為家，由先父開始。父親創立事業的年代，香港先後發生銀行風潮、石油危機、政治局勢不穩，生意極難做。但父親是位非常勤力而又樂觀的商人，他努力拚搏，不懼低潮，終於衝破困難，基礎比以前更鞏固。父親對香港的情懷和那份不怕困難的毅力深深影響了我們三兄弟。」

二、企業的成長之路

（一）更上一層樓

1. 兄弟同心，其利斷金

與郭氏三兄弟接觸過的人，大致有以下印象：老大郭炳湘外表平實、謙和，總給人一種憨厚的印象，有老一代商家之風；老二郭炳江，處事謹慎，言談幽默，經常妙語連珠，平易近人；老三郭炳聯的性情內斂，是心思縝密的企業家。

郭炳湘對於消費心理的研究非常深刻，舉例來說，他認為在香港這塊土地上，人人都希望出人頭地，擁有「成功人士」的光環。因此，他讓新鴻基推出了「世紀豪宅」的建築，這個世紀豪宅包含了幾個重要的元素，其一是能看到海景，其二是豪華的住宅設計，其三是有豪華的會所，其四是推出六星級的管理，讓香港人能一圓「貴族夢」。

而為了將樓盤順利推銷出去，在推出的前一年前，就先秘密部署，然後斥資五千萬，搭建超級樣品屋，展現出豪華的氣派，再邀請名媛商賈來參加派對，讓人氣攀升、輿論沸騰，隨後卻僅預售少數的樓層，營造出一種神秘氣氛，吊足了社會大眾的胃口。結果，他的策略成功了。

在新鴻基正式推出這個世紀豪宅時，慕名而來的人排成長龍，不過三天的時間，十萬名香港人爭相看樓，竟然超額認購一百八十九倍，為新鴻基套現九十億元！

用「兄弟同心，其利斷金」這句古話來形容郭氏三兄弟的團結，再貼切也不過了，當父親離世，郭氏三兄弟接班後更加團結，不管是重大的投資案、公司業績的發表或捐贈慈善事業，郭氏三兄弟都會先開會討論再決定，並共同出席記者會。

例如：新鴻基在中國內地的投資，郭氏三兄弟也是先取得共識後，再採取積極一點的態度。並由郭炳江直接負責中國內地地產業務。在他被問及內地的房價是否會再漲，他說：「地產有起有落，不單單是升，沒有永遠升的房地產，價格不可能永遠升，也沒有永遠都是下跌的，這跟經濟方面有很大的關係，跟需求也有很大的關係。」從他的話，也可以看出新鴻基在投資房地產的策略上，主要還是看長期的發展。

又如郭得勝在世時強調的「更快、更好、更省」，是他們共同奉行的行事準則，他們在地產領域採取穩健守成的策略，讓新鴻基的地產市值超越了李嘉誠長江實業地產，成了香港市值最大的地產公司，保持「地產巨無霸」的地位。

此外，郭氏兄弟也積極投入酒店、交通、電訊、金融等獲利穩當的事業，這些多元化的經營，也都展現出了驚人的成果。

2. 作風踏實以及以客為先

郭得勝一輩子都非常務實而勤奮，即使假日也會去巡視樓宇，確保房屋的品質；晚年在行動不便的情況下，還是堅持每日上班，並常在兒子的攙扶下出席會議。由於他的以身作則與對品質的重視，新鴻基也確立了追求卓越品質的企業文化，而他注重企業品質、親力親為的作風，也深深影響了郭氏三兄弟。

郭氏三兄弟延續父親的作為，作風踏實，很得外界及世叔伯的欣賞。三兄弟也深知要在激烈的競爭市場裡保持優勢，就要重視客戶服務，因此將「以客為先」的精神注入到新鴻基的企業文化裡。

在香港，新鴻基是首先「落區家訪」的地產商，這個風氣正是郭氏三兄弟所帶動的，八〇年代起，他們就經常不定期到企業下的屋苑訪問，或是與租戶接觸，透過家訪聽取顧客的意見，一方面是要了解顧客的心聲與需要，適時幫顧客解決問題，另一方面則是把這些寶貴的意見作為將來改進的重點項目。在家訪時，他們都喜歡穿著簡便，在彼此不拘束、融洽的氣氛下與住戶聊開來。

在郭氏兄弟的以身作則下，新鴻基的管理階層及部分的主管也經常做家訪，且訪問的對象通常是已經入住多年的住戶，聽取他們對居住環境的批評和指教。

郭炳江認為發展商在發展一個項目前，應該認真的研究市場定位，徹底瞭解買家的特性，才能做出最符合市場需求的商品。而藉由家訪，正是個直接聆聽客戶需求的好機會，例如在家訪期間，有住戶向他表示渴望在同區換樓，他隨即表示會考慮相關方案，很迅速的反應出發展商從善如流及尊重住戶意見。

（二）經營與管理

1.三大優勢

雖然香港房地產業經常受到政經環境的影響，起起落落，但新鴻基的地產銷售狀況一直都很穩定。郭炳聯認為新鴻基能夠在逆境中取勝，是因為新鴻基有三大優勢——卓越管理、強大品牌和優秀人才。

郭炳聯認為公司要長遠發展的不二法則是——重用人才。另外，「好學不倦，經常學習」也是他們重要的信念之一，因為能夠與時俱進，才不會被時代淘汰。因此郭氏企業裡很重視吸取新知與他人的經驗，例如經常派遣優秀的員工到美國、歐洲、日本等地去學習最新的大型商場的經驗，以及考察大型的辦公室怎麼建得最好，儘快的學習回來，成功之後就在上海、北京做。

2.不敗的投資秘訣

此外郭氏三兄弟的善於投資，讓人不禁想了解他們投資地產戰績輝煌的不敗秘訣是什麼，郭炳江認為，要選對的地方下手，至於什麼是「對的地方」呢？有幾個很重要的指標，如：經濟發展要快、法律制度健全，另外如：有金融的中心、屬於區域裡的重要城市等，都應列入考量。例如：廣州是珠江三角洲高成長的地方；香港是長江三角洲的倒三角的地方；天津、北京也是高成長的地區，有法律，有金融的制度、有龐大的市場。這些地方都很值得投資。

在郭得勝去世時，郭氏三兄弟都發願要把父親這一輩子創下的基業發展到最大、做到最好，自郭得勝去世十七年來，郭氏三兄弟確實齊心努力達成了這個目標，新鴻基已被視為子承父業最成功的家族企業。

三、家庭與人生觀

郭氏三兄弟各自都擁有幸福美滿的家庭，重視個人生活品質的同時，也熱衷於慈善事業，新鴻基地產之下設有一個基金會，主要用來幫助中國內地建設大學，以及提供獎助金幫助清寒子弟向學，也資助內地成績優異的學子到香港大學深造。

郭得勝管教子女的方式，除了給子女良好的影響之外，也影響了子女和他們下一代的關係，郭炳江就曾說：「『愛』與『寵』可能是一線之差，但爸爸做得很好，愛中有管教……。」

郭炳江又說：「我和父親的感情很深厚。我們彼此尊重對方的人格、想法、做法、選擇和自由……，不事事要求對方跟自己一樣。我們之間有親情，也有友情。我很看重與父親的關係，所以也希望與子女有良好關係。他們小時候，我盡量減少不必要應酬，堅持每日六時左右就要回家，幫子女接電話，充當子女的秘書，讓他們覺得屋裡有人在，發生任何事都會說出來，很多事只要肯講，問題就會少得多。後來他們在外地讀書，回家時，我們就盡量減少應酬，安排時間多與他們相聚，也期望他們與我們配合，共同珍惜彼此的親情。」

另外，郭炳江在國小一年級的時候成績很差，經常吊車尾，母親還曾經因此而流淚，後來在母親的「眼淚攻勢」下，他的成績終於在小學四年級時轉好。兒時的經驗也讓他明白只要認清自己的目標，好好努力，就能得到好的成就。他認為成功的內涵，不單是指事業上的成功，應該包括關心身邊的人及社會，在所有的關係中取得平衡，行事不違背良心。

郭炳江很鼓勵現代的父母要多關懷年輕人，因為現代的年輕人缺乏的不是物質，也不缺乏機會，欠缺的是父母的關懷，很多時候年輕人是知道父母辛苦的，所以當父母的千萬不要把自己的看法強加在子女身上，因為這樣會令子女很難建立自信心。

郭炳江認為年輕人踏進社會後會多少都會遇到權力的鬥爭、利益的衝突等問題，但凡事要謹記自己的信念及良心。就算遇到吃虧的時候，也要跟隨這些信念行事，便不會在意別人的看法；當遇上衝突時，問問自己當初的目標是什麼，認清目標，就不會隨波逐流，做出負面的事情來。

郭炳江以自身的經驗為例，他說自己也常常因為堅持自己的信念而感到失落，不過他還是覺得要堅持自己的信念，生活才會開心，因為很多事情不會在短期內看見成果，需要從長遠的角度出發，大多數人的意見未必都正確，多是很短暫性，所以必須堅持自己的信念。

三兄弟中年紀最小的郭炳聯，與夫人劉寶賜育有兩子一女，夫婦兩人行事低調。郭炳聯曾坦承身為企業老闆，壓力很大，但要懂得調適，給自己適度的休息，例如放假時多做些戶外活動，或看看書，如果可以的話，也可為自己安排幾次旅遊。

郭氏三兄弟都是基督徒，信仰對事業成就極高的他們而言，是很重要的心靈依靠，如郭炳江曾在接受專訪中談到，在一九九四年至一九九五年間，郭氏三兄弟已合力將他們父親的事業推向更高的山峰，就他個人而言，家庭、事業、名利、地位各方面都有了，但伴隨而來的卻是空虛，後來在他太太的影響下，信仰基督教，心靈得到了平靜與滿足。

中國NO.1：中國第一位女首富——

張茵

（中國排名第一，世界排名第三九〇）

第一桶金
（一）放棄高薪，立志闖出自己的事業
張茵出生於黑龍江省的一個軍人家庭
家中的老大，下面還有七個弟
妹，家裡的生活過得很辛苦，只有逢年過
時候，飯桌上才有肉可吃，衣服也
總是修修補補穿了又穿。
她每天得走十多里山路上學，放學後還要幫忙照顧弟妹，但她卻從來沒有因
此耽誤到學校的課業，經常名列前茅。
對她而言，物質上的貧窮讓她認識到「擁有」的可貴，也因此培養出比別人
獨立、早熟的性格，以及建立解決問題的能力。
她的父母很重視子女的人格教育，例如他們小時候如果跟同學吵架了，父母
不會去批評別人的孩子，而是先問明原因，然後糾正自己孩子不對的地方
點，讓張茵和她的弟妹們從小就懂得諒解別人。
因為母親是個醫生，在母親的影響下，她小時候

張茵
生日 1957年2月
出生地 中國
事業基地 美國、中國
現任 玖龍造紙有限公司 董事長

◎**事業**

張茵擁有近八年的工業會計經驗、十一年的造紙經驗和近二十一年的廢紙回收和國際貿易經驗。其領導的玖龍紙業（控股）有限公司包含：東莞玖龍、東莞海龍、太倉玖龍、玖龍紙業（重慶、天津）等。二〇〇七年九月二十日發布的二〇〇七年年度業績收入，創歷史新高，達到人民幣九千八百三十七點七百萬元，上升百分之二十四點五。

◎**重要榮譽**

☆中國第一位女首富。

☆二〇〇六年九月獲「世界華人愛心大使」的崇高榮譽。

◎**財富金榜**

☆在二〇〇七年《富比士》雜誌的富豪排行榜裡，張茵個人的資產淨值為二十四億美元，位居中國第一富。

◎**名言**

・在各方面都要把握得很好，就像我在教育我的員工、我的同事，我說機遇很重要，不能失掉任何一個機遇。

・熟一行做一行，要非常專注，在專注的前提下，顧好自己的行業，沒顧好的話，專注了半天，反而浪費了時光，那也是十分可惜的。

・我在管理上有兩句話，公平、公正，讓大家累在身體上，不要累在心上。

・做企業不要這山看著那山高。

一、第一桶金

（一）放棄高薪，立志闖出自己的事業

張茵出生於黑龍江省的一個軍人家庭，她是家中的老大，下面還有七個弟妹，家裡的生活過得很辛苦，只有逢年過節的時候，飯桌上才有肉可吃，衣服也總是修修補補穿了又穿。

她每天得走十多里山路上學，放學後還要幫忙照顧弟妹，但她卻從來沒有因此耽誤到學校的課業，經常名列前茅。

對她而言，物質上的貧窮讓她認識到「擁有」的可貴，也因此培養出比別人獨立、早熟的性格，以及建立解決問題的能力。

她的父母很重視子女的人格教育，例如他們小時候如果跟同學吵架了，父母不會去批評別人的孩子，而是先問明原因，然後糾正自己孩子不對的地方。這一點，讓張茵和她的弟妹們從小就懂得諒解別人。

因為母親是個醫生，在母親的影響下，她小時候常有模有樣的拿著針頭幫洋娃娃打針，夢想著將來能跟母親一樣當個好醫生。

不過，後來她並沒有從醫，而是走上了一條截然不同的事業之路——商業。因為某些因素，她很晚才進入大學就讀，她主修的是財經、會計，畢業後先在一家工廠裡擔任工業會計，之後在深圳信託下屬的合資企業裡擔任財務工作（財務部部長、貿易部部長），後來在一家貿易公司做包裝紙的業務。

雖然她在中國的這些工作收入不錯，又相當穩定，但她心中始終有著更大的志向，於是在一九八五年，也就是她二十七歲那一年，她帶著三萬元的人民幣到香港闖天下。當時，有一位香港商人開出五十萬港元的年薪聘請她，但她不想違背自己到香港創業的初衷，就拒絕了這位商人的提議。

（二）重視承諾，並恪守商業道德

一九八五年，張茵剛到香港時還是個二十七歲的年輕女子，為了建立個人的商業魅力，她除了比平常人更勤奮於工作之外，格外重視信用，凡是講出去的話，一定牢記在心中，說到做到，即廣東話所謂的「牙齒當金用」，也就是一諾千金，信守與他人之間的承諾。

至於她為何選擇走進廢紙業，有一段小故事：她在中國工作時曾有一位在造紙廠工作很久的老廠長告訴她：「不要小看廢紙，廢紙就像森林一樣，具有潛力。」這句話讓她印象很深刻，從此她看到廢紙，就彷彿見到了一片片的森林，於是，她便投入了廢紙這個充分展現循環經濟的價值之行業——回收廢紙，製造再生紙。

剛創業的時候，她也和所有的創業者一樣，無可避免的經歷了一段艱辛的路程，尤其是在當時香港的廢紙業界，為了降低成本，業者往往會在紙漿裡摻水，張茵對於這種不實的做法感到不以為然，不肯這麼做，而她不摻水的作法，被認為是違反「行規」，影響了同業的利益，還因此接到黑社會恐嚇的電話，但她仍不為所動，堅持自己的原則。

她認為獲取財富要靠智慧和勤奮，不能不擇手段，做人要厚道，否則客戶就會離自己的企業越來越遠。

果然，時間一久，大家都知道張茵是個堅持品質與公道的生意人，所以收廢紙的人都樂於與她合作，她也經常去看這些回收廢紙的人、儘可能的幫助他們，彼此的互動非常良好，她說：「香港從事廢紙回收的雖然是些文化程度較低的人，但特別講信義，與我特別投緣，再加上我堅持廢紙的品質，恰好趕上香港經濟蓬勃時期，因此六年內我就完成了資本部分積累。」

二、企業的成長之路

（一）更上一層樓

1. 雄心壯志以及過人的魄力

張茵憑著智慧與勤奮，在六年的時間內便累積了相當的財富，但香港的廢紙資源畢竟有限，日後的發展空間不大，於是一九九〇年二月，她和丈夫做了一個重大的決定，毅然決然的將事業的重心移往美國，成立了美國中南有限公司，並期許自己能在最短的時間內成為美國的「廢紙大王」、「造紙原料大王」。

對張茵而言，在美國奮鬥的這十年是非常重要的階段，由於有香港經驗做基礎，再加上充足的資本，以及專業知識的與日俱增，公司的業務也越做越大，事業上的布局越臻成熟，先後成立了七家打包廠和運輸企業，成了全美的廢紙回收出口大王，也是全球最大的紙原料出口商，年出口超過五百萬噸，並以年平均百分之三十的速度遞增，業務遍及美國、歐洲、亞洲等。

美國豐富的紙原料市場奠定了張茵在事業上更上層樓的厚實基礎，同時她也從國際原料市場看到了中國造紙市場的未來：當時中國包裝紙行業是一片空白，尤其高級牛卡紙，幾乎全部從國外進口。

於是她當機立斷，在中國對包裝紙需求量最大的地方，即位於珠江三角洲的東莞市建立了玖龍紙業，主要生產用來替代進口的高檔牛卡紙。而在一九九五年所做出的這個決定，可以說是她事業的一個關鍵轉捩點。

她很有雄心壯志，做出的投資決策在在顯示出她過人的魄力和眼光，例如那時候絕大部分中國的造紙廠還只是處於五萬噸左右的年產規模，所用機器也是國產機，但她在東莞投資的第一台機器就是二十萬噸的年產規模，並有計劃的在東莞和江蘇太倉等地徵地，土地面積足以年產九百萬噸包裝紙。

在東莞，中南控股有兩家下屬企業，一是東莞中南紙業有限公司，另一家則是玖龍紙業有限公司，總投資達三點七億美元，占地面積近七十萬平方公尺，年總產量達到一百萬噸，產量規模位居亞洲地區前列。

2. 自動化設備、注重環保以及配套的完善

二〇〇〇年前後玖龍紙業成了業界的領導者，是世界第八、中國第一的包裝紙生產商。二〇〇二年，中南公司向中國出售的廢紙總重量相當於十七艘航空母艦。二〇〇六年三月發售新股，在香港上市，其中香港公開發售部分超額認購逾五百倍，接獲認購款額約一千七百七十億港元，這是香港歷史上第五大接獲認購款額。

受到投資者的青睞，張茵認為這是因為企業整體的發展性受到肯定，例如：以中南為基礎，龐大、穩定的原料供應給投資者相當的信心；玖龍管理層前瞻性的發展眼光、專一性的經營理念；超前的環保理念；完善的管理和配套服務以及規模效益等。

二〇〇六年《胡潤百富》雜誌的記者為了採訪張茵，曾特地先參觀了玖龍紙業在東莞的工廠，在報導中指出：其自動化設備、環保以及配套的完善令人印象

深刻：占地幾萬平方公尺的造紙廠房只有幾十位工作人員；所有的環保設備均進口自歐洲；自建的熱電廠不僅能滿足於自身生產的需要，在市場缺電時還有多餘電量上網，雙方得益，待新紙機投產後可以平衡自用電量；自建的碼頭和絡繹不絕的數百輛卡車忙碌的穿梭在廠區中。而以上這些或許就是玖龍紙業上市時獲得投資者追捧最直接的原因。

(二)經營與管理

1.重視專一的經營哲學以及追求永續經營的價值

身為首富，張茵並不把這樣的頭銜看得很重，因為她很清楚在這個快速變動的世界，關於誰的財富最多，今天是這位，明天很可能就是那位了，所以與其追逐這種虛名，不如追求企業的長遠價值。她認為經營企業要成功，最重要的條件之一是做好定位，然後要專一，不要「這山看著那山高」，要能經得起各種暴利產業的誘惑。也就是說做哪行就要愛哪行，如果整天抱著投機心理，想著發大財和一夕致富，就很容易一敗塗地的。因此她做事情絕對不會只看一時，這一點幾乎也是所有成功企業家必然具備的條件之一。她用長遠的眼光在經營她的事業，希望她所建立的事業不只是在她這一代發光發熱，而是能長遠的一代一代做下去。

張茵認為企業必須在公司與社會之間取得平衡，因此每年從貧困地區招募數百個孩子供他們念大學，並讓這些孩子在學成後留在玖龍工作，這樣既幫了社會，也幫了企業。

此外，張茵對於這個世界的永續發展，也付出了極大的誠意，她說：「沒有環保，就沒有造紙。」因而面對日益嚴重的全球暖化問題，玖龍紙業有積極的作為，例如設有環保的循環硫化床垃圾焚燒鍋爐，有效焚燒多種不同的低級燃料，包括廢漿渣、輕渣及污水處理站，加上廢氣排放量低，因此既具效益也能保護環境。而應用低級燃料不但大幅度減少了廢物排放量，也能節省燃煤消耗量，二氧化碳排放量因而降低。

2.公平公正的管理風格

在玖龍基層員工的心目中，張茵是一位非常有自信又和藹可親的老闆，她見到他們時都不忘親切地和他們打招呼。在管理幹部的心目中，張茵則是一位做事嚴謹、要求嚴格，做起事來雷厲風行的上司。這多半因為她是很外向的人，有什麼事情絕對不會悶在心裡不說，尤其越是關鍵的事情，她一定立刻挑明了說，不過她也不是不近人情，她有她的原則，她主張：「只要領頭的人有信心，世上無難事，我在管理上有兩句話，公平、公正，讓大家累在身體上，不要累在心上。」

張茵把員工的努力放在心上，她認為員工的培訓及發展，是玖龍紙業的主要成功策略之一。尤其隨著企業的擴充規模日益壯大，人才的需求就越來越重要，因此她除了在中國或海外聘請員工外，對於內部員工的培訓發展計劃也積極進行著。

另外，張茵提倡的是「個人小家庭，公司大家庭」的人性化管理，既為下屬提供充分發揮才幹的空間，又在待遇上說到做到，幫助解決實際困難。

還有她堅持賞罰分明的公平原則，並按能力進行人事調配——採行內部調動和晉升機制，根據員工業績和工作能力，給予每個員工平級調動、輪職、晉升的機會，促進員工能力的全面發展；也相當鼓勵員工根據自身的工作能力和興趣進行職位調整，充份發揮自己事業才幹；重視管理層與員工之間的溝通，要求主管及時收集和處理員工的建議及投訴；所有新進員工均須在試用期內與管理層會面三次，進行討論，讓公司可及時瞭解新進員工的工作情況及心態，以便提供協助；也鼓勵全體員工持續進修，並採行終身學習機制，選派員工修讀大學深造課程，讓他們日後能在工作崗位上發揮所長，成為能面對各種環境挑戰的人才。

3.自我管理

在自我管理上，她認為在這個高壓的商業社會裡要懂得自我調適，如她身為企業主，所承受的壓力自然不小，不過她很能調適壓力，她認為抗壓力來自於對自身定位的了解，因為唯有清楚自己要的是什麼，才能坦然面對各種問題形成的壓力，例如她個人的定位是：把事業做到最大，滿足個人成就感。因為有這樣的認知，所以對於各種壓力甘之如飴，也能用寬大的心胸去面對一切，再加上她是一個天生開朗、直率的人，所以她不會鑽牛角尖，把問題嚴重化，或是強求自己能力做不到的事情——如果只能建三星級的飯店，決不會賭氣建五星級的。她曾這麼說：「我工作時間長，天天面對許多問題，如果不懂得自我調適和平衡，早就沒辦法笑出來了。」

三、家庭與人生觀

很多富人喜歡維持低調的生活，不是沒有原因的，因為功成名就、名利雙收，固然光采，但隨之而來的往往是媒體、社會大眾的過度關注，原本再平常不過的日常生活，也會突然變成眾人追逐的目標，在成了中國首富的剎那，張茵的食、衣、住、行、育、樂等大小事，不例外的也成了眾人想要了解的焦點，但她短短幾句話就回應了這類的話題，她說：「覺得舒服就行了，我比較喜歡坐麵包車，很高，就像坐個凳子。」

她認為一個人的實力並不是用物質生活的高低來衡量的，她認為在這個忙碌的商業社會，生活的簡單、方便、舒服以及實用是最重要的，例如她的事業遍布在世界各地，她也就在每一個事業基地的工廠住了下來，她說：「我就住在工廠裡，看到這麼多員工，讓我覺得像一個家，為了住一個大房子而天天浪費在路上，這樣是不切實際的。」

身為成功的女性企業家，「成功女性」這個角色也是張茵常常被問及的話題，她說：「性別對我而言，並沒有造成什麼阻礙。雖然工作起來女性體力稍差一些，但在其他方面和男人沒有任何區別。只要有智慧，有進取心，有好的人品，就有可能獲得成功。」又說：「女性創業者在創業之前首先就要明確自己的定位，知道自己適合做什麼，不要勉強；其次要有寬廣的心胸和敢於衝破壓力；然後要有健康的體魄，取得身心平衡。此外，家庭與事業間的平衡也是女性獲得事業成功的關鍵：你的另一半必須與你共同對事業，有著同樣的專注與熱愛，一切以事業為重，相互理解，這樣才會有幸福家庭的生活。」

張茵因為事業的發展，從出生地中國出發，到香港，再到美國，又回到中國，有趣的是，她還是個台灣媳婦，她的先生劉名中原本是醫生，出生於台灣，在巴西長大，兩人結婚後，一起創業。她就曾多次提到自己事業上的成功，要感謝她的先生以及弟弟的幫忙。

在公司裡張茵是董事長，而她的丈夫劉名中是副總裁，不過她強調這不表示先生是副手，職務上的區分只是分工上的問題，缺了誰都不行。她曾在接受訪談時談到劉名中是個很能幹且對自己很有信心的人，他很尊重張茵是這個行業創始人的身分，並且與她一同在企業發展過程中做出重大的貢獻。兩人各有各的特長，且彼此都能做到公私分明，他們之間相處的原則是有錯就要認錯，而且對事不對人。據張茵說，當她做得不對的時候，劉名中也是會嚴厲批評她的。

張茵認為一個成功的企業家要比平常人付出得更多一些：「每個人都需要有一點溫馨的，開心的東西，我非常疼兩個兒子，還沒有創業的時候生大兒子，有充裕的時間去照顧他，小兒子報到的時候就不一樣了，剛到美國第三年就生，忙不過來。」她常慶幸自己的小孩懂事，沒讓她操過太大的心。她和普天下多數的母親一樣，把子女的成功看得比事業的成功更有意義。像她的兒子目前正在美國攻讀哥倫比亞大學碩士學位，正是最令她感到自豪的事情。

事業的得意，家庭的美滿，子女教育上的成功，張茵在各種角色之間的轉換與扮演如此成功，讓人不得不佩服她的調適能力，以及她所說的平衡之道。現在，隨著公司的穩健發展，她已很少負責公司的具體事務，而是主導一些關乎發展的宏觀策略，而這一切其實就是目標與執行之間的平衡，公司與社會之間的平衡，事業與家庭之間的平衡。

中國NO.2：中國的山姆・沃爾頓——

黃光裕

（中國排名第二，世界排名第四〇七）

資家電廠商為國美買單登廣告，締造雙贏的局面。
宣傳手法看來，可
看出他們是擅於創新與變通的，這應是他們成功的
之一。
（三）掌握大原則，立即行動，邊做邊修正
黃光裕的膽識十分令人佩服，他說
做事的習慣是，只要大概想好，方向
明確了就會立即去實行，邊做邊修正，絕對不會慢慢斟酌，花幾個月的時間來規
劃，等企劃書的一字一句都正確無誤才動手。這或許是因為國美電器一路走來，
二十多年中雖然沒有經歷過太大的挫折或難以度過的關卡，但也難免有遇到困難
的時候，然而因為沒有背景、沒有社會資源作為支持與後盾，黃光裕只能一切靠
自己，於是在這些困難中磨練出不少勇於打破常規的膽量。
兩兄弟在創業期間，大致上是大哥負責行政的管理和經營的統籌，
於業務方面，兩人各盡其職，因而事業蒸蒸日上，不過當事業
於大哥想要發展的方向與他不同，所以兩兄弟在一九九
別建立自己的事業體系，經營的方法各自不同
此支

黃光裕
生日 1969年5月
出生地 中國
事業基地 中國
人稱 中國的山姆·沃爾頓
現任 鵬潤集團主席

◎事業

黃光裕在十六歲時跟隨大哥黃俊欽一同離鄉背景到外地闖事業，兩人白手起家，最初以「行商」的方式賺錢，後來在北京找到新的發展空間，轉為「坐商」，以家電零售業為主力，兩人合力打拚，成績亮眼，兩人分家之後，在各自領域的表現都越加突出。黃光裕的鵬潤集團，包含國美電器、鵬潤地產及鵬潤投資。其中國美電器擁有二百家門市、四萬名員工，是中國家電零售業的龍頭，其二〇〇七年上半年營收為二百一十一點五七億人民幣，成長了百分之七十四，淨利為三點九五億，成長百分之十四點五，目前在3C市場市的占有率為百分之十二，預計五年內提升至百分之二十，全年預估營收可達四百五十億。

◎重要榮譽

☆中國當代最成功的零售業企業家。

◎財富金榜

☆在二〇〇七年《富比士》雜誌的富豪排行榜裡，黃光裕個人的資產淨值為二十三億美元，位居中國第二富。

◎名言

· 我的經歷和思想受社會影響最大，社會變我就變，我就跟進。
· 人與人的差別不大，只要努力，就有回報。
· 思想決定一切。對市場的一種發現、目標設定、經營方法，就這三個方面。沒有什麼奧秘，很多人能想到，但能不能做起來是關鍵。
· 有知識，成功的可能性是百分之二；沒知識，成功的可能性是萬分之二。
· 做事情，要做就要做精。沒有什麼神乎其技，主要是要堅持。做事業，如果定位有偏差，可以即時調整修正，一旦放棄，也就徹底失敗了，而堅持下去，即使失敗了也是值得的。
· 做生意沒有什麼神秘的，通過努力，慢慢深入之後，就會發現很多東西。視野一大之後，感覺就越來愈多，反映出的變化就越來越多，這是順其自然，慢慢形成的。
· 公司在不同的發展階段需要有不同的管理方案。只要有調整的必要，就要馬上調整，找出最佳方案。

一、第一桶金

（一）兄弟攜手同行，勇闖創業之路

黃光裕出生於廣東省汕頭市的鳳壺村，黃父做的是小生意，不但長年在外奔波，收入也很不穩定，黃母則做些家庭代工，以應付全家大小的平日生活所需，然而家裡還是常常斷炊、缺錢，也因為這樣常被人看輕，甚至受到欺負。不過，黃光裕和他的兄弟姊妹很早熟，不會因為看到別人家的小孩吃好、穿好，就回家吵著也要有相同的東西；他們怕增添母親的煩惱，就算受到其他孩子的欺負，也不會回家哭鬧；好不容易逢年過節時可拿個壓歲錢，等年一過，也都自動還給了辛苦持家的母親。

黃光裕上頭有大哥黃俊欽，下面則有大妹黃秀虹，二妹黃燕虹，兄弟姊妹之間的感情很融洽，做哥哥的總是很維護妹妹，看見妹妹受欺負，絕對挺身而出；雖然兩兄弟的個性差很多，大哥內向文靜，他則調皮搗蛋，但他自小就喜歡跟著大哥，例如大哥喜歡組裝電器，每回這種時候，他一定站在旁邊當個稱職的好助手。學校放假的時候，兩兄弟一起到鎮上的大街小巷去收集塑膠瓶罐或是舊報紙、舊書，以換取微薄的錢，替母親分擔家計。

當時鳳壺村主要以農業為主，但可耕地很少，黃家這兩兄弟都決定離開故鄉，到外頭闖天下，因此才十六歲，初中都還沒唸完的黃光裕就跟著哥哥一起北上經商，本錢還是母親從放高利貸的人那兒借來的。

年紀輕輕的就要做生意，光決定要做什麼樣的事業就不是件容易的事，不過黃氏兄弟搭上了當時的行商風潮——當時物資的供應與流通還不是這麼普遍、便利，所以只要是能拿到貨物，或連繫得上貨物的供應商的人，就能從中賺取佣金。黃氏兄弟身處的南方，在貨源上占有很大的優勢，所以他們跑到內蒙古去和需要貨物的人簽合約，再回廣東發貨，這樣一來一回，往往就要耗掉一個月，市場卻不大，生意並沒有預期的好，跑了兩趟之後，黃光裕想換個地方發展，於是問大哥還有哪些大城市，大哥跟他提了北京、太原、上海這幾個地方，他把地圖拿出來看，發現北京比較大，便獨自前往北京發展。

十七歲這年，黃光裕到了北京，繼續做貿易，與之前跑內蒙古的經商性質差不多，只是人生地不熟，身上也沒多少錢，所以不太順利，幸好只要稍微跟他相處過的人，就很願意相信他，給予很多幫助，像是常常讓他先取貨再付款或提供市場消息等等；後來，買賣的內容以服裝業為主，但生意並不理想，從廣東訂十幾萬元的服裝，經過了一年還銷售不完，後來透過朋友在珠市口找到代為銷售這批服裝的店面——國美服裝店。

過了一陣子，他決定包下這個店面，於是找哥哥商量，黃俊欽便過來幫忙談判，終於包下了這個不到一百平方公尺的店面，事情確定之後，他哥哥也就不再到內蒙古，兩兄弟一起從行商轉為坐商，一起在北京打拚。

雖然服裝的生意不理想，但他們並沒有立即放棄這塊市場，在店裡用一半的空間來陳列服裝，另一半則是用來賣電器用品，這樣賣了兩個月，他們才完全改賣電器，國美服裝店也就跟著改名為國美電器店。

（二）貫徹「薄利多銷」的銷售原則

黃氏兄弟做生意的哲學是：只要把握做生意最基本的一些原則就能闖出一片

天，這些原則不外是商品的品質要好、價格要好、信譽要好，再加上宣傳。尤其是貨好、價錢公道，才能建立起信譽，「得人和」生意才會越做越大，他們就是這樣靠著誠信和薄利多銷，一點一滴努力，漸漸做出自己的品牌。

尤其是薄利多銷，算是他們奉為圭臬的銷售原則，他們的道理是：「生意要做大，對市場就要有一個認知，那就是藉由銷量大來獲得較高的總體利潤，而不是斤斤計較單品的價格和利潤，不管是服務還是價格，都讓客人滿意，雖然一時的利潤微薄，但能取得消費者的信任，十年如一日，品牌就越疊越高。」國美電器從小小的店面做到擁有幾百間賣場，這個原則始終如一，被徹底的實踐。

至於宣傳，早期時他們就很有一套，這家小小的、極不引人注意的店面，雖然有薄利多銷的策略，但知道的人並不多，為了把價格低這個特色彰顯出來，他們決定刊登廣告，當然廣告費可不是一筆小數目，為了用最少的錢，達到最大的宣傳效果，他們想到了一個從未有人想過的辦法，那就是在報紙「中縫」❶刊登廣告，在中縫廣告，費用低很多，而且後來也證明了效果非常好，所以讓許多商家紛紛起而效法，讓中縫廣告也跟著水漲船高，此時，黃氏兄弟則成功說服了外資家電廠商為國美買單登廣告，締造雙贏的局面。從他們這些宣傳手法看來，可看出他們是擅於創新與變通的，這應是他們成功的重要因素之一。

（三）掌握大原則，立即行動，邊做邊修正

黃光裕的膽識十分令人佩服，他說過他做事的習慣是，只要大概想好，方向明確了就會立即去實行，邊做邊修正，絕對不會慢慢斟酌，花幾個月的時間來規劃，等企劃書的一字一句都正確無誤才動手。這或許是因為國美電器一路走來，二十多年中雖然沒有經歷過太大的挫折或難以度過的關卡，但也難免有遇到困難的時候，然而因為沒有背景、沒有社會資源作為支持與後盾，黃光裕只能一切靠自己，於是在這些困難中磨練出不少勇於打破常規的膽量。

兩兄弟在創業期間，大致上是大哥負責行政的管理和經營的統籌，他則側重於業務方面，兩人各盡其職，因而事業蒸蒸日上，不過當事業有一定規模後，由於大哥想要發展的方向與他不同，所以兩兄弟在一九九三年正式分家，兩兄弟分別建立自己的事業體系，經營的方法各自不同，從創業階段的合作關係轉變成彼此支援的關係——大哥往資訊科技、房地產和資本營運三塊發展，成立新恆基集團，他則仍著力於家電零售業。

二、企業的成長之路

（一）更上一層樓

1. 前瞻性的布局

黃光裕與大哥分家時是二十四歲，他分得了一部車、幾十萬現金，以及國美的招牌（當時還談不上品牌的價值），而分家之後才算是他真正獨立創業的開始，重要的是除了有形的、不算多的資金之外，他的思路也漸漸成熟，能全方位去思考規模化經營的各種問題，例如管理、經營以及品牌等各方面的策略，國美品牌的成功推廣以及連鎖經營的模式都在他前瞻性的布局中一一達成。

此外，他了解到想單靠零售業生存，便隨時都要擔心風險的問題，因為零售業的現金流是以日計算，資金運轉得很快、利潤薄，再加上沒有固定資產來支撐，基礎相對來說比較薄弱，風險很大，於是在一九九六年成立鵬潤集團，開始從事多元投資，先是淡出國美電器第一線的營運，把重任託付給張志銘，自己則專注於資金沉澱期長、一回收就能取得較高利潤的房地產投資，用來與零售事業互補，在一九九九年到二〇〇二年之間，他沒有直接插手過國美的經營，讓張志銘有很大的發揮空間，也由於他個人的低調，所以很多人都不知道國美的老闆其實是黃光裕。

2.重視企業活力，不忌諱企業組織的頻繁改組

二〇〇二年起他開始重新布局，讓張志銘到鵬潤投資去擔任總經理，自己則重回國美任總裁，並且為了因應國美的快速成長，以及隨之而來的管理難題，開始大量而快速的改變組織，平均四五個月便來一次大變動，而為了徹底落實企業的專業分工，國美總部陸續成立了採購中心、銷售中心、售後物流中心、行政中心、財務中心以及監察中心等，尤其是監察中心的成立，是中國內地企業組織的創舉，目的在於防止企業資產流失，以及商業腐敗。

一個企業體如此頻繁的改動是很罕見的，但他卻把這樣的變動當作一種很正常的需求，他認為國美是在嘗試更適應競爭和市場需要的模式，因為作為該行業的第一，很多人都會跟著他們的模式發展，所以需要更多的創新，不然就會被對手模仿掉了。至於下一步會怎樣，他則非常有信心，國美會調整得越來越好，一次兩次甚至多次的去調整，不會限次數也不會定期，因為這正是企業的活力所在。

（二）經營與管理

1.確定經營主力，追求一加一大於二

二〇〇二年，黃光裕確定出鵬潤集團的三個主要經營主力，一是電器零售業，二是房地產，三則是投資（以企業併購為主），他經營這幾種產業的基本原則是，彼此要能獨立生存，並達到互動、互補的作用，從而形成一個良好的循環體系，以達到一加一大於二的效果。

2.建立鉅細靡遺的行動準則

黃光裕不管是個人或是身為領導，都呈現出一種剛柔並濟式的特點，如他的

秘書們都認為他是一個很仁厚的長官，他看到辦公大樓的保安或清潔人員，也總會主動親切的打招呼，完全沒有大老闆的架子。不過，公司的高階主管都非常敬畏他的權威。

他認為企業的經營與管理要靠制度，也不斷告訴國美的每位員工這一點，從一九九八年起，便要求高階管理幹部要擬定出一個經營管理手冊，這個手冊須清楚、精確而具體的規範，各體系、部門、層級的各個人員所應做的事情，第一步做什麼，第二步做什麼……以至每個行為舉止。而管理人員除了有這個手冊，還有一本清楚規範什麼人員擁有什麼權力的授權書，權力越大的人，管的具體事情就越少，這種方式，讓每一個層級的人員了解自身的權責，最重要的是能不受許可權之外的瑣事干擾，專心做好份內的事。另外，賞罰制度也非常清楚明白。這些制度的最大特色在於巨細靡遺而精確，沒有模糊的空間，遵循起來容易，企業組織的管理效率也自然較高。

3.用人哲學以及人才的培養

他用人的哲學，主要考慮以下幾點：第一，是否具備敬業的精神、第二，眼光、膽量如何，第三，是否懂得不斷吸取新知，第四，是否夠勤奮，凡是被他認為具有這些資格的人，他會將這個人才帶到身邊做助理，一方面是可以跟在他身邊學，另一方面是可以彼此了解、磨合，然後幫這個人才定位，安排適合的單位讓他去發揮，有時定位錯了，再換個領域給他發揮，直到能發揮潛力、創造出很好的業績為止，目前黃光裕身邊的高層都是這樣磨練出來的。

在國美有一套獨特的培養人才方式，例如每個高層人員負責培養一個員工，這個任務將做為年度考評的重點之一，之所以如此重視人員的培養，是因為家電連鎖企業的複製性很強，通常只需要半年到一年的時間左右就能運作，所以不斷的儲存與培育人才是非常急切的工作。

另外，他善於讓家人及親朋好友參與管理公司，他相信依照適才適用的原則，具備什麼條件就安排做什麼樣的職務，一切遵循企業的制度走，就不會有什麼問題，例如他的兩個妹妹前後都進入他的公司工作，並都做出了相當大的貢獻。至於妹夫張志銘一直是國美重要的操盤手之一，張志銘在初期進入公司時，其實就已被他看中，讓他跟在身邊當助理，後來才跟他的二妹結婚。一九九五年起，他將專注力移到房地產業後，淡出零售業的經營，一九九六年更是完全退居幕後，而把第一線營運的工作全部交給張志銘，而張志銘也沒有辜負黃光裕的苦心栽培以及信任，讓國美的連鎖店不斷增加，業績也不斷飆漲。

黃光裕對於幹部向來很慷慨，但嚴禁他們不當牟利，並立下了三條鐵則：第一條是不收受客戶禮物，第二條是不收取回扣，第三條是不藉職務上的權力來謀取私人的利益。這三條鐵則，連同國美總部廉政中心（即監察中心）的電話一起印在每位經理的名片背後。

三、家庭與人生觀

在一九九六年黃光裕成立鵬潤集團同一年，他與銀行的一位職員——杜鵑小姐結婚，二〇〇四年起杜鵑擔任國美電器的執行董事。兩人育有兩個女兒。

黃光裕沒有什麼個人的娛樂，最大的樂趣就是工作，每天工作的時數經常長達十五個鐘頭，假日也幾乎不安排旅遊，儘管如此，他還是覺得在創造財富的過程中最大的遺憾是「總覺得時間不夠用」。有一年，他好不容易下定決心要給自已放五天假到加拿大去玩一趟，但坐了快二十個鐘頭的飛機抵達目的地後，還不到三天，他就覺得心慌待不住，當下就返回工作崗位。

在工作上勤奮不懈的付出，讓三十八歲的他已多次名列中國最有錢的人之一，在他更年輕的時候，以賺錢為人生中最大的快樂的事，但隨著事業不斷擴張，資本市場上財富的上升與下降對他來說已經習以為常，個人的生活不會因此而有什麼變化，而是和許多成功的企業家一樣開始思考自己的企業如何永續經營，以及企業對社會的影響力等問題。他從不諱言，在商言商，經營過程中勢必要運用很多的技巧和手段，但他堅持不能離開一個原則，那就是要做「最好的買賣」——消費者買了東西回家，都覺得不賠錢。

他多次位居中國首富排行榜的第一名，但在中國慈善家榜單中，卻沒有他的名字，因此不免讓人對他有「為富不仁」的觀感，但他本人卻不在意這樣的質疑，他認為行有餘力時做一些慈善事業本來就是企業的責任之一，而且做好事是修心，不是修名，不需要特別嚷嚷給大家知道。

確實，他並非不懂得回饋社會，而是因為低調，所以所做的善行較少人知，例如：二〇〇二年初，捐出一百萬元人民幣支援潮陽市的水改建設；與此同時，先後捐資五百多萬元人民幣支援汕頭市各縣區的社會福利事業；二〇〇四年，黃光裕家族捐贈四百萬元人民幣在家鄉修建了一條「國美大道」；黃光裕兄弟兩人先後捐資二百六十七萬多元人民幣，建設家鄉的敬老院、幼稚園，以及支持水改工程等；從二〇〇五年一月起，國美電器出資一千萬元人民幣，展開援建海嘯受災國孤兒院的計劃，其中黃光裕家族捐贈七百萬元人民幣……

至於他為什麼不登高一呼，以帶動慈善的風潮，他覺得每個人做事情的方法不同，也認為作為一個企業家，不要去過分強調自己的社會責任，也不要去迴避社會責任，到一定程度企業做大了，自然就會承擔一定的社會責任。而企業家對社會最大的貢獻，就是把自己的無形資產和有形資產投入到社會上去積極的營運。

❶當時報紙的版面較少，打開對折的地方是一條白板，在黃光裕他們之前，沒有人想到要在這個地方刊登廣告，後來因為他們這個刊登的模式很成功，開啟了在報紙中縫刊登廣告的風潮，黃光裕還被稱為「中縫大王」。

主要參考文獻

書籍

1.《華商韜略》編輯委員會編著：《華商韜略》，〈訪國泰董事長蔡宏圖：簡單的目標，不凡的執行〉，北京：管理世界雜誌社，二〇〇六年

2.司馬嘯青著：《台灣新五大家族》，台北市：玉山社，二〇〇五年

3.彭蕙仙著：《億兆傳奇：國泰人壽之路》，台北市：商周，一九九三年

4.伍忠賢著：《鴻海藍圖》，台北市：五南，二〇〇五年

5.張戌誼、張殿文、盧智芳等著：《三千億傳奇：郭台銘的鴻海帝國》，台北市：天下雜誌，二〇〇二年

6.商周編輯顧問著：《閱讀郭台銘：鴻海帝國傳奇》，台北市：商周編輯顧問，二〇〇二年

7.黃德海著：《台塑打造石化王國：王永慶的管理世界》，台北市：天下遠見，二〇〇六年

8.郭泰著：《王永慶奮鬥史》，台北市：遠景，二〇〇一年
9.郭泰著：《王永慶的管理鐵鎚》，台北市：遠流，一九八六年
10.司馬嘯青著：《企業巨龍》，台北市：書園，一九八八年
11.天下編輯部著：《與CEO對談——面對成功企業家》，台北市：天下雜誌，一九九九年
12.周志瑋著：《跟逆境賽跑的贏家》，台北市：紅印文化，二〇〇三年
13.周少龍著：《郭鶴年傳》，香港：明囪出版發行，一九九三年
14.劉傲著：《李嘉誠商戰勝經》，中和市：百善書房，一九九六年
15.張蕾著：《李嘉誠vs.李兆基》，新店市：動靜國際，一九九四年
16.吳阿侖著：《中國首富：黃光裕》，台北市：高寶國際，一九九五年
17.林凡著：《空手成大亨》，台北市：商周，一九九七年
18.何文翔著：《香港富豪列傳》，香港：明報，一九九二年
19.藍獅子財經創意中心著：《華人首富：十九位華人首富的創業故事》，台北市：華文網，二〇〇七年
20.張劍主編：《世界一百位首富人物發跡史》，北京：中國市場出版社，二〇〇五年

報章媒體

1.〈金融龍頭穩健求勝〉（上）、（下），《話題人物》，第五十二、五十三期
2.〈金控：外面的想進來，裡面的想出來〉，《經濟日報》，二〇〇七年六月二十四日
3.〈「後蔡萬霖時代」，蔡宏圖全力打造e部隊〉，e天下雜誌，二〇〇四年十月
4.〈蔡宏圖是電視寶寶，去年才加入手機族〉，自由電子報，二〇〇五年四月二十二日
5.〈與兒子MEN'S TALK，蔡明忠的新功課〉，《聯合報》，二〇〇四年三月三日
6.〈蔡明興——內斂圓融點子王〉，《經濟日報》，二〇〇二年十月十四日
7.〈名人三代居：蔡萬才父子〉，《聯合報》，二〇〇四年七月十八日
8.〈國泰帝王學：寧靜分家〉，《財訊》，第二七二期
9.〈富邦十年布局：打造天王級集團〉，《聯合報》，二〇〇四年十一月二十三日
10.〈蔡萬霖早已交棒：霖園集團接班就緒〉，《經濟日報》，二〇〇二年九月二十八日
11.〈「香格里拉」之父郭鶴年〉，《江南時報》，二〇〇五年一月十四日
12.〈李嘉誠的管理心得〉，南方網資料，二〇〇三年十二月三日
13.〈李嘉誠的創業之路〉，南方網資料，二〇〇三年十二月三日
14.〈李嘉誠教子之法〉，南方網綜合，二〇〇三年十二月三日
15.〈馬來西亞首富郭鶴年「寶刀不老」，不斷向前〉，《財富時報》，二〇〇六年三月

二十日
16.〈香港「地產奇傑」李兆基的成功經驗〉，華夏經緯網轉自和訊網，二〇〇四年五月二十八日
17.〈父親給我的啟迪〉，郭炳江口述，余黃國凱整理，《中信月刊》，二〇〇五年六月號
18.〈郭炳江與會考生談成功路：認清目標、緊記良心、熱誠爭取〉，《成報》，二〇〇七年七月三十一日
19.〈香港新鴻基地產集團郭氏兄弟：背靠大陸好賺錢〉，央視國際，二〇〇六年七月三日
20.〈張茵：發家史並不令人眼花繚亂〉，《上海證券報》，二〇〇六年十月十二日
21.〈旅美華人、中國女首富張茵：「平衡之道」造就成功〉，《胡潤百富》，二〇〇六年十月十二日
22.〈黃光裕八十億元天津拿地，最快九月份能有結果〉，《二十一世紀經濟》，二〇〇七年八月二日
23.〈五百億龍門躍變內地地產新貴，黃光裕家族奇謀地產〉，《中國經營報》，二〇〇七年七月十四日

華人十大富豪──他們背後的故事

作　　者　張晏齊

發 行 人　林敬彬
主　　編　楊安瑜
編　　輯　吳瑞銀
內頁編排　Zoe Chen
封面設計　麻糬冰創意設計

出　　版　大都會文化事業有限公司　行政院新聞局北市業字第89號
發　　行　大都會文化事業有限公司
110台北市信義區基隆路一段432號4樓之9
讀者服務專線：(02)27235216
讀者服務傳真：(02)27235220
電子郵件信箱：metro@ms21.hinet.net
網　　　　址：www.metrobook.com.tw

郵政劃撥　14050529 大都會文化事業有限公司
出版日期　2008年1月初版一刷
定　　價　250元
I S B N　978-986-6846-28-1
書　　號　98024

First published inTaiwan in 2008 by
Metropolitan Culture Enterprise Co., Ltd.
4F-9, Double Hero Bldg., 432, Keelung Rd., Sec. 1, Taipei 110, Taiwan
TEL:+886-2-2723-5216　FAX:+886-2-2723-5220
E-mail:metro@ms21.hinet.net
Website:www.metrobook.com.tw

大都會文化
METROPOLITAN CULTURE
大都會文化

國家圖書館出版品預行編目資料

華人十大富豪─他們背後的故事 / 張晏齊編著 -- 初版. -- 臺北市 : 大都會文化, 2008.1
面； 公分. -- (人物誌 ; 98024)
參考書目：面
ISBN 978-986-6846-28-1 (平裝)

1.企業家 2. 傳記 3. 企業管理 4.成功法

490.99　　96023675

大都會文化圖書目錄

●度小月系列

路邊攤賺大錢【搶錢篇】	280元	路邊攤賺大錢2【奇蹟篇】	280元
路邊攤賺大錢3【致富篇】	280元	路邊攤賺大錢4【飾品配件篇】	280元
路邊攤賺大錢5【清涼美食篇】	280元	路邊攤賺大錢6【異國美食篇】	280元
路邊攤賺大錢7【元氣早餐篇】	280元	路邊攤賺大錢8【養生進補篇】	280元
路邊攤賺大錢9【加盟篇】	280元	路邊攤賺大錢10【中部搶錢篇】	280元
路邊攤賺大錢11【賺翻篇】	280元	路邊攤賺大錢12【大排長龍】	280元

●DIY系列

路邊攤美食DIY	220元	嚴選台灣小吃DIY	220元
路邊攤超人氣小吃DIY	220元	路邊攤紅不讓美食DIY	220元
路邊攤流行冰品DIY	220元	路邊攤排隊美食DIY	220元

●流行瘋系列

跟著偶像FUN韓假	260元	女人百分百—男人心中的最愛	180元
哈利波特魔法學院	160元	韓式愛美大作戰	240元
下一個偶像就是你	180元	芙蓉美人泡澡術	220元
Men力四射—型男教戰手冊	250元	男體使用手冊－35歲⁺♂保健之道	250元
想分手？這樣做就對了！	180元		

●生活大師系列

遠離過敏—打造健康的居家環境	280元	這樣泡澡最健康—舒壓・排毒・瘦身三部曲	220元
兩岸用語快譯通	220元	台灣珍奇廟—發財開運祈福路	280元
魅力野溪溫泉大發見	260元	寵愛你的肌膚—從手工香皂開始	260元

舞動燭光一 手工蠟燭的綺麗世界	280元	空間也需要好味道— 打造天然香氛的68個妙招	260元
雞尾酒的微醺世界— 調出你的私房Lounge Bar風情	250元	野外泡湯趣— 魅力野溪溫泉大發見	260元
肌膚也需要放輕鬆— 徜徉天然風的43項舒壓體驗	260元	辦公室也能做瑜珈— 上班族的紓壓活力操	220元
別再說妳不懂車— 男人不教的Know How	249元	一國兩字— 兩岸用語快譯通	200元
宅典	288元		

●寵物當家系列

Smart 養狗寶典	380元	Smart 養貓寶典	380元
貓咪玩具魔法DIY一 讓牠快樂起舞的55種方法	220元	愛犬造型魔法書一 讓你的寶貝漂亮一下	260元
漂亮寶貝在你家一 寵物流行精品DIY	220元	我的陽光・我的寶貝一 寵物真情物語	220元
我家有隻麝香豬一養豬完全攻略	220元	SMART養狗寶典（平裝版）	250元
生肖星座招財狗	200元	SMART養貓寶典（平裝版）	250元
SMART養兔寶典	280元	熱帶魚寶典	350元

●人物誌系列

現代灰姑娘	199元	黛安娜傳	360元
船上的365天	360元	優雅與狂野一威廉王子	260元
走出城堡的王子	160元	殤逝的英格蘭玫瑰	260元
貝克漢與維多利亞一 新皇族的真實人生	280元	幸運的孩子一 布希王朝的真實故事	250元
瑪丹娜一流行天后的真實畫像	280元	紅塵歲月一三毛的生命戀歌	250元
風華再現一金庸傳	260元	俠骨柔情一古龍的今生今世	250元

她從海上來—張愛玲情愛傳奇	250元	從間諜到總統—普丁傳奇	250元
脫下斗篷的哈利—丹尼爾・雷德克里夫	220元	蛻變—章子怡的成長紀實	260元
強尼戴普—可以狂放叛逆，也可以柔情感性	280元	棋聖 吳清源	280元
華人十大富豪—他們背後的故事	250元		

● 心靈特區系列

每一片刻都是重生	220元	給大腦洗個澡	220元
成功方與圓—改變一生的處世智慧	220元	轉個彎路更寬	199元
課本上學不到的33條人生經驗	149元	絕對管用的38條職場致勝法則	149元
從窮人進化到富人的29條處事智慧	149元	成長三部曲	299元
心態—成功的人就是和你不一樣	180元	當成功遇見你—迎向陽光的信心與勇氣	180元
改變，做對的事	180元	智慧沙	199元
課堂上學不到的100條人生經驗	199元	不可不防的13種人	199元
不可不知的職場叢林法則	199元	打開心裡的門窗	200元
不可不慎的面子問題	199元	交心—別讓誤會成為拓展人脈的絆腳石	199元
方圓道	199元	12天改變一生	199元
氣度決定寬度	220元		

● SUCCESS系列

七大狂銷戰略	220元	打造一整年的好業績—店面經營的72堂課	200元
超級記憶術—改變一生的學習方式	199元	管理的鋼盔—商戰存活與突圍的25個必勝錦囊	200元
搞什麼行銷—152個商戰關鍵報告	220元	精明人聰明人明白人—態度決定你的成敗	200元

人脈＝錢脈— 改變一生的人際關係經營術	180元	週一清晨的領導課	160元
搶救貧窮大作戰の48條絕對法則	220元	搜驚・搜精・搜金 —從 Google的致富傳奇中，你學到了什麼？	199元
絕對中國製造的58個管理智慧	200元	客人在哪裡？— 決定你業績倍增的關鍵細節	200元
殺出紅海— 漂亮勝出的104個商戰奇謀	220元	商戰奇謀36計— 現代企業生存寶典I	180元
商戰奇謀36計— 現代企業生存寶典II	180元	商戰奇謀36計— 現代企業生存寶典III	180元
幸福家庭的理財計畫	250元	巨賈定律—商戰奇謀36計	498元
有錢真好！輕鬆理財的10種態度	200元	創意決定優勢	180元
我在華爾街的日子	220元	贏在關係— 勇闖職場的人際關係經營術	180元
買單！一次就搞定的談判技巧	199元	你在說什麼？—39歲前一定要學會的66種溝通技巧	220元
與失敗有約 — 13張讓你遠離成功的入場券	220元	職場AQ— 激化你的工作DNA	220元
智取— 商場上一定要知道的55件事	220元		

● 大都會健康館系列

秋養生—二十四節氣養生經	220元	春養生—二十四節氣養生經	220元
夏養生—二十四節氣養生經	220元	冬養生—二十四節氣養生經	220元
春夏秋冬養生套書	699元	寒天— 0卡路里的健康瘦身新主張	200元
地中海纖體美人湯飲	220元	居家急救百科	399元
病由心生— 365天的健康生活方式	220元	輕盈食尚— 健康腸道的排毒食方	220元

● CHOICE系列

入侵鹿耳門	280元	蒲公英與我一聽我說說畫	220元
入侵鹿耳門（新版）	199元	舊時月色（上輯＋下輯）	各180元
清塘荷韻	280元	飲食男女	200元
梅朝榮品諸葛亮：中國最虛偽的男人	280元		

● FORTH系列

印度流浪記—滌盡塵俗的心之旅	220元	胡同面孔—古都北京的人文旅行地圖	220元
尋訪失落的香格里拉	240元	今天不飛—空姐的私旅圖	220元
紐西蘭奇異國	200元	從古都到香格里拉	399元
馬力歐帶你瘋台灣	250元	瑪杜莎豔遇鮮境	180元

● 大旗藏史館

大清皇權遊戲	250元	大清后妃傳奇	250元
大清官宦沉浮	250元	大清才子命運	250元
開國大帝	220元	圖說歷史故事—先秦	250元
圖說歷史故事—秦漢魏晉南北朝	250元	圖說歷史故事—隋唐五代兩宋	250元
圖說歷史故事—元明清	250元	中華歷代戰神	220元
圖說歷史故事全集	880元	人類簡史：我們這三百萬年	280元

●大都會運動館

野外求生寶典—活命的必要裝備與技能	260元
攀岩寶典—安全攀登的入門技巧與實用裝備	260元
風浪板寶典—駕馭的入門指南與技術提升	260元
登山車寶典—鐵馬騎士的駕馭技術與實用裝備	260元
馬術寶典—騎乘要訣與馬匹照護	350元

●大都會休閒館

賭城大贏家—逢賭必勝祕訣大揭露	240元
旅遊達人—行遍天下的109個Do & Don’t	250元
萬國旗之旅—輕鬆成為世界通	240元

●大都會手作館

樂活，從手作香皂開始	220元
Home Spa & Bath—玩美女人肌膚的水嫩體驗	250元

●BEST系列

人脈＝錢脈— 改變一生的人際關係經營術（典藏精裝版）	199元
超級記憶術—改變一生的學習方式	220元

●FOCUS系列

中國誠信報告	250元
中國誠信的背後	250元
誠信—中國誠信報告	250元

●禮物書系列

印象花園 梵谷	160元	印象花園 莫內	160元
印象花園 高更	160元	印象花園 竇加	160元
印象花園 雷諾瓦	160元	印象花園 大衛	160元
印象花園 畢卡索	160元	印象花園 達文西	160元
印象花園 米開朗基羅	160元	印象花園 拉斐爾	160元
印象花園 林布蘭特	160元	印象花園 米勒	160元
絮語說相思 情有獨鍾	200元		

●工商管理系列

二十一世紀新工作浪潮	200元	化危機為轉機	200元
美術工作者設計生涯轉轉彎	200元	攝影工作者快門生涯轉轉彎	200元
企劃工作者動腦生涯轉轉彎	220元	電腦工作者滑鼠生涯轉轉彎	200元
打開視窗說亮話	200元	文字工作者撰錢生活轉轉彎	220元
挑戰極限	320元	30分鐘行動管理百科（九本盒裝套書）	799元
30分鐘教你自我腦內革命	110元	30分鐘教你樹立優質形象	110元
30分鐘教你錢多事少離家近	110元	30分鐘教你創造自我價值	110元
30分鐘教你Smart 解決難題	110元	30分鐘教你如何激勵部屬	110元
30分鐘教你掌握優勢談判	110元	30分鐘教你如何快速致富	110元
30分鐘教你提昇溝通技巧	110元		

●精緻生活系列

女人窺心事	120元	另類費洛蒙	180元
花落	180元		

●CITY MALL系列

別懷疑！我就是馬克大夫	200元	愛情詭話	170元
唉呀！真尷尬	200元	就是要賴在演藝圈	180元

●親子教養系列

孩童完全自救寶盒（五書+五卡+四卷錄影帶）	3,490元（特價2,490元）
孩童完全自救手冊—這時候你該怎麼辦（合訂本）	299元
我家小孩愛看書—Happy學習easy go！	200元
天才少年的5種能力	280元
哇塞！你身上有蟲！—學校忘了買、老師不敢教，史上最髒的科學書	250元

大都會文化

大都會文化　讀者服務卡

書名：華人十大富豪—他們背後的故事

謝謝您選擇了這本書！期待您的支持與建議，讓我們能有更多聯繫與互動的機會。

A. 您在何時購得本書：______年______月______日

B. 您在何處購得本書：___________書店，位於___________(市、縣)

C. 您從哪裡得知本書的消息：

1.□書店　2.□報章雜誌　3.□電台活動　4.□網路資訊

5.□書籤宣傳品等　6.□親友介紹　7.□書評　8.□其他

D. 您購買本書的動機：（可複選）

1.□對主題或內容感興趣　2.□工作需要　3.□生活需要

4.□自我進修　5.□內容為流行熱門話題　6.□其他

E. 您最喜歡本書的：（可複選）

1.□內容題材　2.□字體大小　3.□翻譯文筆　4.□封面　5.□編排方式　6.□其他

F. 您認為本書的封面：1.□非常出色　2.□普通　3.□毫不起眼　4.□其他

G. 您認為本書的編排：1.□非常出色　2.□普通　3.□毫不起眼　4.□其他

H. 您通常以哪些方式購書：(可複選)

1.□逛書店　2.□書展　3.□劃撥郵購　4.□團體訂購　5.□網路購書　6.□其他

I. 您希望我們出版哪類書籍：（可複選）

1.□旅遊　2.□流行文化　3.□生活休閒　4.□美容保養　5.□散文小品

6.□科學新知　7.□藝術音樂　8.□致富理財　9.□工商企管　10.□科幻推理

11.□史哲類　12.□勵志傳記　13.□電影小說　14.□語言學習（_____語）

15.□幽默諧趣　16.□其他

J. 您對本書(系)的建議：

____

K. 您對本出版社的建議：

____

讀者小檔案

姓名：______________ 性別：□男　□女　生日：____年____月____日

年齡：□20歲以下 □21～30歲 □31～40歲 □41～50歲 □51歲以上

職業：1.□學生 2.□軍公教 3.□大眾傳播 4.□服務業 5.□金融業 6.□製造業
7.□資訊業 8.□自由業 9.□家管 10.□退休 11.□其他

學歷：□國小或以下 □國中 □高中／高職 □大學／大專 □研究所以上

通訊地址：____

電話：（H）______________（O）______________ 傳真：______________

行動電話：______________ E-Mail：______________________

◎謝謝您購買本書，也歡迎您加入我們的會員，請上大都會文化網站 www.metrobook.com.tw 登錄您的資料。您將不定期收到最新圖書優惠資訊和電子報。

華人十大富豪

他們背後的故事

北區郵政管理局
登記證北台字第9125號
免 貼 郵 票

大都會文化事業有限公司

讀 者 服 務 部 收

110台北市基隆路一段432號4樓之9

寄回這張服務卡〔免貼郵票〕
您可以：
◎不定期收到最新出版訊息
◎參加各項回饋優惠活動

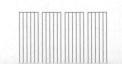

大都會文化
METROPOLITAN CULTURE

大都會文化
METROPOLITAN CULTURE

大都會文化
METROPOLITAN CULTURE

大都會文化
METROPOLITAN CULTURE